插图本地球生命史丛书

IN THE SEA

水生动物生存史

The Diagram Group 著

王中华 译

上海科学技术文献出版社

Shanghai Scientific and Technological Literature Press

图书在版编目（CIP）数据

水生动物生存史 / 美国迪亚格雷集团著；王中华译 . —上海：上海科学技术文献出版社，2022

（插图本地球生命史丛书）

ISBN 978-7-5439-8511-7

Ⅰ . ① 水… Ⅱ . ①美…②王… Ⅲ . ①水生动物—普及读物 Ⅳ . ① Q958.8-49

中国版本图书馆 CIP 数据核字 (2022) 第 015125 号

图字：09-2021-1012

选题策划：张　树
责任编辑：黄婉清
封面设计：留白文化

水生动物生存史
SHUISHENGDONGWU SHENGCUNSHI
The Diagram Group　著　王中华　译
出版发行：上海科学技术文献出版社
地　　址：上海市长乐路 746 号
邮政编码：200040
经　　销：全国新华书店
印　　刷：商务印书馆上海印刷有限公司
开　　本：650mm×900mm　1/16
印　　张：10.5
版　　次：2022 年 4 月第 1 版　2022 年 4 月第 1 次印刷
书　　号：ISBN 978-7-5439-8511-7
定　　价：68.00 元
http://www.sstlp.com

总序

　　"插图本地球生命史"丛书是一套简明的、附插图的科学指南。它介绍了地球上的生命最早是如何出现的，又是怎样发展和分化成如今阵容庞大的动植物王国的。这个过程经历了千百万年，地球也拥有了为数众多的生命形式。在这段漫长而复杂的发展历史中，我们不可能覆盖所有的细节，因此，这套丛书将这些内容清晰地划分为不同的阶段和主题，让读者能够循序渐进地获得一个整体印象。

　　丛书囊括了所有的生命形式，从细菌、海藻到树木和哺乳动物，重点指出那些幸存下来的物种对环境的适应与其具有无限可变性的应对策略。它介绍了不同的生存环境，这些环境的变化以及居住在其中的生物群落的演化过程。丛书中的每一个章节都分别描述了根据分类法划分的这些生物族群的特性、各种地貌以及地球这颗行星的特征。

　　"插图本地球生命史"丛书由自然历史学科的专家所著，并且通过工笔画、图表等方式进行了详尽诠释。这套丛书将为读者今后学习自然科学提供必要的核心基础知识。

目录

本书中，我们着眼于地球的进化历程、海洋生物的多样性和各种生物的特点，其中包括古代曾经存活的和现在仍然存在的生物。我们共分八个章节向读者讲述：

第1章为赖以生活的水环境，介绍了海洋的范围，河流和湖泊是怎样形成的；回顾了在这样的环境下，生物是如何生存进化的。

第2章为水生无脊椎动物，从远古海绵体动物到螃蟹和磷虾，着眼于最早的水生生物的进化过程；同时，还介绍了软体动物的进化历程，如菊石如何进化为现代的鱿鱼。

第3章为鱼类和两栖动物，从远古的鲨鱼到火蜥蜴、蟾蜍和青蛙，介绍了最早的脊椎动物的进化历程。

第4章为水生爬行动物，着眼于史前生物，如楯齿龙、蛇颈龙、鱼龙等，也详述了生活在水里的现代爬行动物。

第5章为水生哺乳动物，重点介绍鲸、海豚、海豹和海狮，它们都是生活在海水中的生物；也谈及淡水生物，如地鼠、野鼠和鸭嘴兽。

第6章为水鸟，介绍了各种各样有翅膀的动物，它们一生中在某些阶段和水有接触，在水边、水上或水下生活。

第7章为水生环境，着眼于各色咸水或者淡水环境，讲述生物是怎样适应这些环境的。

第8章为迁移，聚焦各种各样的咸水或者淡水生物，它们不时地横渡海洋或者顺着河流进行长途旅行。

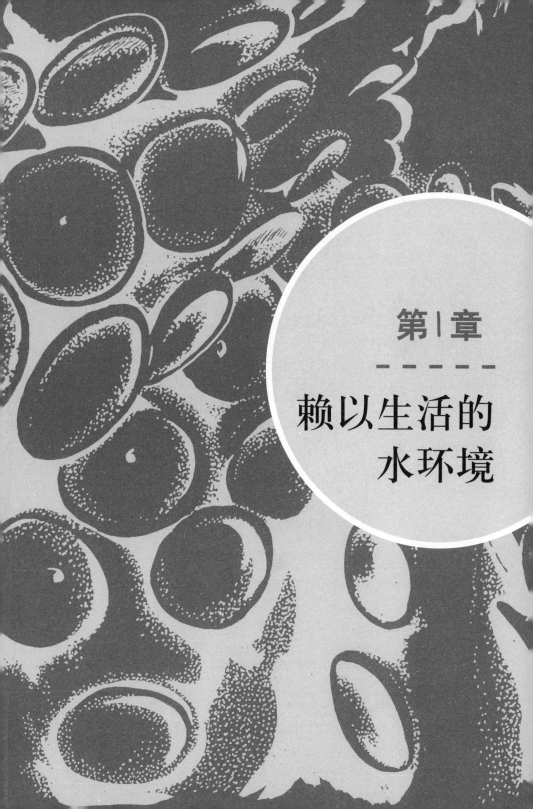

第1章

赖以生活的
水环境

海洋有多大

比起陆地来，海洋能提供更多的生存空间。地球表面的70%都是海洋。海洋最深的地方，深度超过世界最高山峰的高度。如果把珠穆朗玛峰沉入海洋最深处，它也会被完全浸没。

海洋提供了广阔的海底给动物们生活，也提供了海面给浮游动物们生活。浮游动物就是漂浮在海面上的小动物。在海面和海底之间的海水中，更生活着其他游来游去的海洋生物。

虽然人们在海上航行、捕鱼已经有几千年了，可看到的仍只是海洋很小很小的一部分。人类也看不到海洋究竟有多深，直到今天，海洋的深度仍是一个未知数。有的时候，人类会驾驶机器

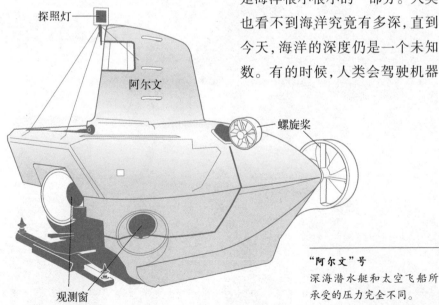

探照灯

阿尔文

螺旋桨

观测窗

"阿尔文"号
深海潜水艇和太空飞船所承受的压力完全不同。

2

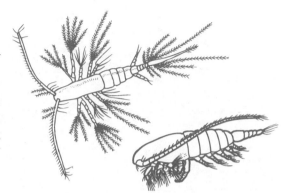

桡足动物

虽然很小，却是必不可少的海洋生物，这种甲壳动物通常成群聚集在水面。图中右边的一只正在搬运某种卵状物，另一只有着可以伸缩的眼睛。

知 识 窗

太平洋是世界上最广阔的大洋，面积大约为1.81亿平方千米。世界上最深的地方——马里亚纳海沟位于太平洋底，最深处在海平面以下11 034米。大西洋、印度洋、北冰洋的水加起来也没有太平洋的水多。

马里亚纳海沟

太平洋

去探险；有的时候，则由精细控制的机器人去探险。在探险的时候，总能发现一些新的、意想不到的动物。对于像我们这样生活在陆地上的生物来说，它们的样子有时是非常奇异的。在巨大的海洋里，住着已知最大的动物，也住着最小的动物。一些鱼生活在巨大的潟湖里，比如金枪鱼、大群像小虾一样的桡足动物，它们也和世界上最大的动物们生活在一起。

人们只能通过标本来认识某些动物。这些动物是本来数量就很少，还是它们生活在人们尚未完全探索的海洋里呢？

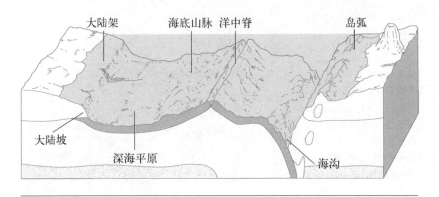

海底地形
这幅插图是一幅假想的海底地形图,有平原、山脉和海沟等多种地形。

海洋孕育了地球上最早的生命,也包容着各种各样的生物。

大陆架从大陆底部延伸到海洋,靠近大陆的海洋相对较浅,大约为180米深。在大陆架的边缘,海底逐渐下降到深海平原,深海平原深约4 000米,构成了海底的主要地形。有的地方,海底陷入深谷里;有的地方,海底升起来形成火山。有的地方,火山可以高出海面,但多数火山都在海面以下。在海洋中部的海底,还有绵延的山脉,高可达1 800米。

河流和湖泊

水从海洋和陆地上蒸发,在海洋和陆地之间循环。水蒸气经过山脉的时候冷凝而形成云,或是变成雨滴、雪、冰雹落到地面上。这

4

些水可能渗入大地,如果遇到不能渗透水的地层,就会喷出地面成为泉水。越来越多的水涌出地面,就汇成小溪。在低地,可能会形成河流,河流又会把水通过河口送回大海。还有另一种可能:水会被困在盆地,形成池塘或者湖泊。

全世界97.29%的水都在海洋里。还有很少的一部分在淡水河、淡水湖和淡水池塘里,大约占总水量的0.014%。地层里的水是它们的四十多倍,占0.605%。还有大约2.09%的水被冻结在冰川和地球两极的冰盖里。只有大约0.001%的水在空气里,它们就是水蒸气。

比起海水,淡水的量很少,可淡水却是多种多样的,能给野生动植物提供多种生存环境,也让各种各样的动植物生活在其中。从流速很快的洪水到静止不动的水,

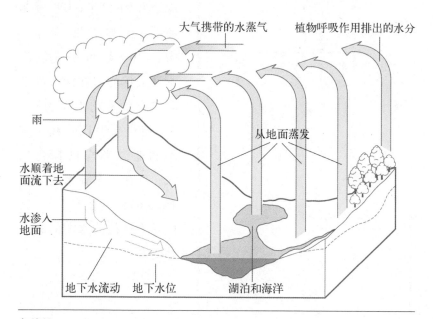

大气携带的水蒸气　　植物呼吸作用排出的水分

雨

从地面蒸发

水顺着地面流下去

水渗入地面

地下水流动　地下水位　　湖泊和海洋

水循环

地面的水会蒸发,植物进行呼吸作用也会排出水分。当下雨或下雪的时候,这些水又回到地面上。

5

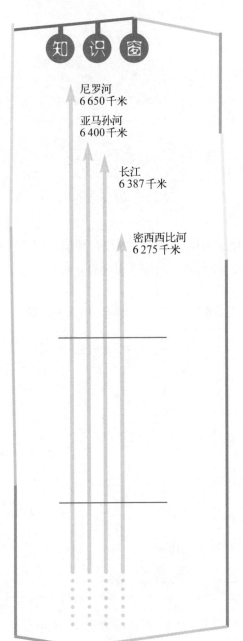

从冰冷的湖泊到滚烫的泉水，从极小的池塘和小溪到面积达几千平方千米的湖，都有生物存活。

世界上最大的湖是位于北美洲的苏必利尔湖，它的面积有82 000平方千米。第二大湖是非洲的维多利亚湖，面积为59 947平方千米。世界上最深的湖是亚洲的贝加尔湖，最深处为1 642米；其次是非洲的坦噶尼喀湖，最深处为1 470米。可是它们都不及最深的海洋深。苏必利尔湖的平均水深为147米，相对来说比较浅。维多利亚湖平均只有41米深。贝加尔湖湖水的体积有23 615.39立方千米，比世界上任何淡水湖的湖水都要多。

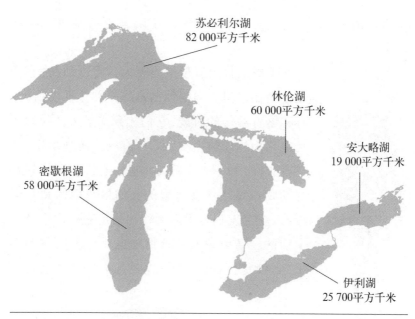

苏必利尔湖
82 000平方千米

休伦湖
60 000平方千米

安大略湖
19 000平方千米

密歇根湖
58 000平方千米

伊利湖
25 700平方千米

北美洲五大湖区
这是世界上最大的淡水湖群。

生命的摇篮

有些动物始终居住在水里、在水里进化，如海星、海绵体动物、珊瑚虫等。其他的动物，比如软体动物，最初的时候是海洋动物，现在大部分仍然住在海

我们所知道的最早的生物都生活在海洋里。就算是现在，组成动物身体的成分中，最多的也是水。许多动物体液的化学组成、浓度也和海水差不多。

7

水里。而有一些动物，比如蛇，搬家到了陆地上或是生活在淡水中。

鱼类是目前数量最为庞大的脊椎动物，它们也生活在水里。两栖动物是另一种脊椎动物，只有在繁育后代的时候，它们才到水里去。我们还是把它们当作陆生动物。可有一些两栖动物，虽然有脊椎，却一直生活在水里。有许多现代的爬行动物也是生活在水里的。如果我们回到几亿年前，就会发现有很多爬行动物是完全适应海洋生活的。鸟类和哺乳动物中也有许多这样的例子，不管是化石还是现存动物，都有一些是完全

腕足动物（左图）
已有5亿年的历史。

毛头星（右图）
在2亿年前进化。

时　期	谁生活在那个时期？
第三纪、第四纪	鲸　　硬骨鱼　　企鹅
白垩纪	海星　　鳄鱼　　翼龙
侏罗纪	鹦鹉螺　　鱼龙　　蛇颈龙
三叠纪	形似青蛙的两栖动物　　楯齿龙　　幻龙
二叠纪	鲨　　"两栖动物"　　中龙
石炭纪	软骨鱼　　棘鱼　　"两栖动物"
泥盆纪	盾皮鱼　　软骨鱼　　硬骨鱼
志留纪	广翅鲎　　无颌鱼　　环节虫
奥陶纪	鹦鹉螺目软体动物　　腕足动物　　海百合
寒武纪	软体动物　　三叶虫　　文昌鱼
原生代	埃迪卡拉动物群　　斯普里格蠕虫　　海鳃

水生生物

表中列举了一些主要的水生生物和它们出现或生活过的时期。

9

生活在水里的，还有一些则是一生中有部分时期生活在水里。

几亿年前，海洋给最早的生命提供了生活环境。其他所有的动物都是从这些最早的生命进化来的，海洋因而逐渐形成了一个非常复杂的生物圈。动物们的身体和生活方式都会进化，这个生物圈随着时间推移会发生变化。一些动物一度通过进化成功地生存下来，比如三叶虫，可到如今，它们还是灭绝了。三叶虫生活过的地方，出现了新的动物。也有一些动物，像腕足动物，5亿年都没有改变过。

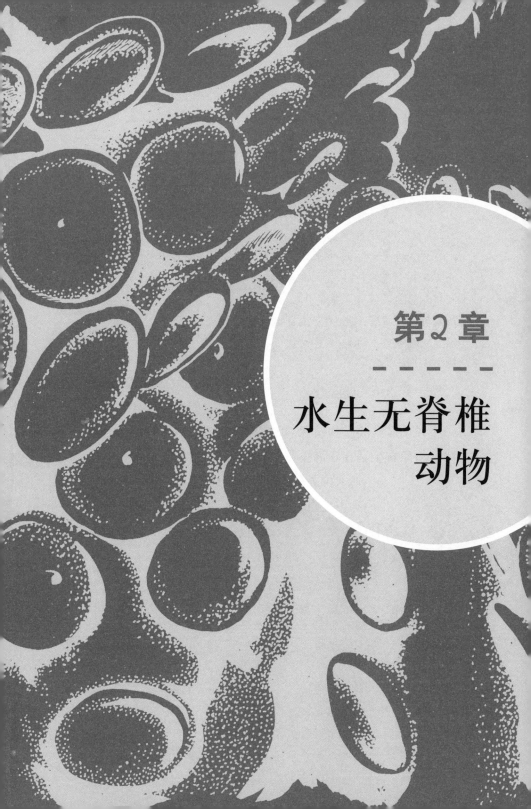

第2章

水生无脊椎
动物

最早的海洋生物

软体动物很难在岩层里形成化石保存下来。它们死后，身体很快就腐烂了。就算保存下来，随着时间的推移，那些岩石也会磨损或是破碎。因此，软体动物的化石十分珍贵。

澳大利亚埃迪卡拉的岩层形成于5.6亿年前，岩层中发生过不寻常的事情。在那里的岩层中，有保护得很好的软体动物化石，可以供研究使用。岩层中的许多动物和现在有很大的差别，很难猜出它们究竟是什么，也不知道它们曾经怎样生活。还有一些和如今某些生物很像，很容易就知道它们本是什么动物。这些动物原本生活在浅海里，然后在海滩的沙子里被保存下来。埃迪卡拉岩层里有数千个标本，其中有一部分甚至连远古生物的细节都保存了下来。

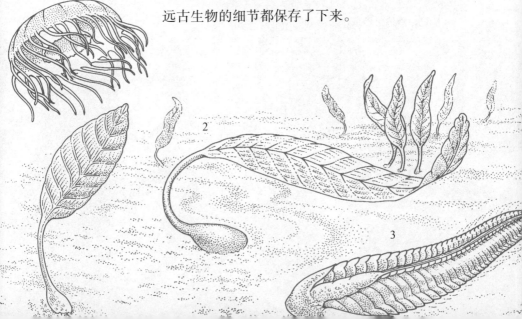

显微镜下的世界

三叶虫的眼睛由许多小透镜组成。有些种类的三叶虫,其组成眼睛的透镜高达1.5万个。它们的复眼比昆虫的复眼早几千万年出现。

在那时,生命已经是多种多样的了。我们能够认出的有水母、海绵体动物、海鳃、一种和如今的珊瑚虫很像的动物,还有各种像虫子一样的生物,比如斯普里格蠕虫。

在5.43亿—4.85亿年前的寒武纪,发生了真正的生命大爆发。寒武纪早期,一些种类的动物因进化得到新的保护自己的方法,长出了硬质的骨骼或者壳。这也给动物提供了可以长出肌肉的空间,运用肌肉行动和寻找食物是一种更好的生存方式。骨骼的出现让生物进化出现了戏剧性的发展。

在这一节点,各个类别的动物几乎都完成了进化,包括珊瑚虫、海绵体动物、蠕虫、早期软体动物、腕足动物、棘皮动物,甚至出现了最早的脊索动物。脊索动物就是脊椎动物的前身,而正是脊

埃迪卡拉动物群

埃迪卡拉优质的砂岩位于浅水里,保存下古代软体动物完整的轮廓。比如:

1. 水母   2. 海鳃   3. 斯普里格蠕虫
4. 狄更逊水母 5. 管虫   6. 海葵

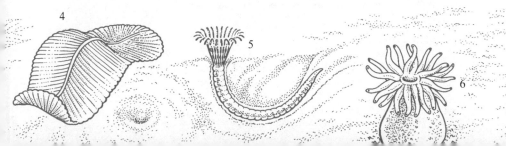

5

椎的形成最终成就了人类。虽然这些动物和它们后来的亲缘动物有细节上的差别，可是主要的身体构造已经确立。另外，还有一些种类和现代的任何生物都不像，它们只存在于寒武纪时期，后来就灭绝了。

在寒武纪，节肢动物首次出现。这是一类重要的动物，它们的腿是分节的。节肢动物的一支进化为现代的昆虫，它们在陆地上取得了繁衍的成功。最早数量巨大的节肢动物是三叶虫，它们生活在海洋里，种群一度相当繁荣。正如它的名字，三叶虫的背壳由三个叶体构成，一个在中间，另外两个长在身体两侧。三叶虫的身体有连续的分节，每一节都有一对分节的Y形腿。Y形腿的下端用来行走，上端长有鳃，用来呼吸。整个身体被坚硬的碳酸钙骨骼覆盖，体表的外骨骼会不时脱落，然后长出新的，脱落的外壳常常会变成化石。三叶虫的头部有一对复眼，有一些三叶虫视力相当好。

虽然三叶虫的种类繁多，可它们身体的主要构造都是相同的。它们在进化中变得擅长爬行、擅长挖洞、擅长游泳。有一些三叶虫靠捕食为生，还有一些是滤食动物。在寒武纪，甚至再往后的一段时期，三叶虫在海洋中十分繁荣。可是在大约2.5亿年前，它们还是灭绝了。

水下建筑师

寒武纪时，浅水里堆积着许多礁石，这些礁石最早是由一些

叫作远古环的海绵体生物聚积
而成的。它们的形状一般是锥
形或平面的，把水吸入身体再
排出，从水中滤得食物。它们
有碳酸钙构成的支撑用的骨骼，
大部分都不到2厘米高，偶尔有
一些能长到1米。这些海绵体生
物的周围存活着蓝细菌，每一个
都得在显微镜下才能看到，可是

温暖的海岸边都有珊瑚礁。
虽然珊瑚礁是由众多很小的动物
构成的，可是珊瑚礁却体积巨大。
澳大利亚东海岸的大堡礁就有
2140米长。海洋里的珊瑚礁已
经有超过5亿年的生活史，它们
并不是由同一种动物构成的。

它们也能遗留下含钙的物质。许多蓝细菌生活在一起，也能形成

志留纪的珊瑚

在英国某地区的礁石里发现了珊瑚化石，对比不同种类的
化石可以区分不同种类的珊瑚。

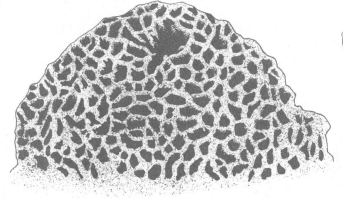

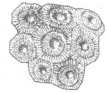

　　海百合是一种繁衍至今的成功生物,种群数量庞大,在浅海和深海里生活了几十亿年。直到现在,在太平洋深处,还有少量的海百合。

志留纪礁石

礁石是很多动物的家,比如:

1. 海百合
2. 珊瑚虫
3. 三叶虫
4. 海绵体生物
5. 鹦鹉螺目软体动物
　（鱿鱼的祖先）

几米厚的堆积。

这种简单的礁石给许多动物提供了生活场所，三叶虫就借此捕食。海星最早的祖先，就躲在这些礁石里面，过滤海水以获取食物，但那时它们并不是如今海星这样的形状。远古的腕足动物也是滤食动物，它们也会躲在岩石的裂缝里守株待兔。

远古环这种海绵体生物很早就灭绝了。寒武纪之后是奥陶纪，距今大约4.9亿—4.43亿年。新出现的生物继续建造这些礁石，从而形成了更多的复杂礁石。

礁石一般认为是由布满海底的海百合最初建造的。海百合是一种棘皮动物，像长了羽毛的海星被连接在一根茎的顶端。海百合有硬质的骨骼，它的茎是由一个个连续的小环组成的。海百合和其他死去动物的骨骼共同形成了礁石的"地基"。有些海绵体生物有玻璃一样的骨骼，还有一些动物有沉重的碳酸钙骨骼，它们也都协助建造了这些礁石。

蓝藻是一种很普遍的生物。在奥陶纪结束前，毡片状的苔藓虫也加入了建筑大军，它们就是最早的真正的珊瑚虫。

在4.43亿—4.17亿年前的志留纪，礁石的建造达到了顶峰。海绵体生物是最重要的建筑材料，早期珊瑚虫也发挥了很大作用。珊瑚虫是孤独的小家伙，每一个都像是包在厚厚壳里的小海葵，还有一些聚在一起成为一株，一起协助建造这些礁石。

还有一种珊瑚虫是桌形轴孔珊瑚，它们有扇状或者像锁链一样的骨骼，总是大量聚积在一起生活。礁石里还有其他动物，包括腕足动物和苔藓虫。附近还住着一些活泼的动物，比如三叶虫和鱿鱼的近亲（也就是早期的头足动物）。还有一些像鱼的原始动物也生活在珊瑚礁中。

海洋里的甲壳动物

甲壳动物都有分节的身体。其腿部也分节，可以使它们走路、游泳、捕食；头部下方通常有一个硬壳，上面还长有用来呼吸的鳃。不同的甲壳动物，身体和附肢都有很大的区别。例如，螃蟹长有巨大的钳子用以捕捉食物。有一些甲壳动物

我们熟悉的甲壳动物有螃蟹、龙虾、卤虫。甲壳动物大约有4万种，大部分都住在海里。5亿年来，甲壳动物发生了很大变化。

甲壳动物的身体结构
以这只小龙虾为例，甲壳动物都有分节的身体，身体外部有硬壳，腿部一般分节，且左右成对。

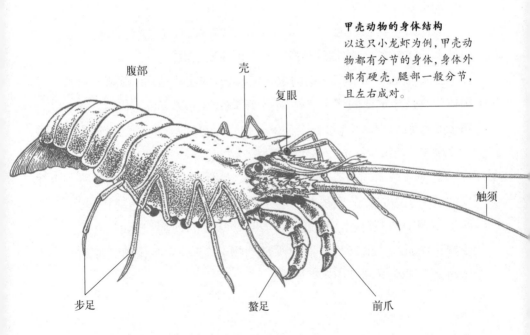

腹部　　　　壳

复眼

触须

步足　　　　　螯足　　　　前爪

却是寄生生物,还有一些甲壳动物则靠吃海洋里的植物为生。

在海洋生物中,甲壳动物扮演着重要角色。远古时代,小型的甲壳动物给大型动物们提供了食物。大一些的甲壳动物在海底挖洞,把海底的泥土翻过来使空气进入其中。如今,甲壳动物仍然具有重要的生态作用,特别是一些较小的甲壳动物,它们是海洋食物链重要的一环。

浮游生物
浮游生物既有单细胞动物,也有更大的动植物,可主要成员还是甲壳动物。

浮游生物在海洋表层漂浮或者缓慢游动。许多小型浮游动物就是甲壳动物,确切地说是甲壳动物的幼体。螃蟹在幼体期时也是漂浮的浮游动物,长大之后形态才发生改变,并且搬到海底居住。藤壶也是如此,藤壶在幼体期时也是浮游的小型甲壳动物,长大之后便吸附在岩石上。

有的甲壳动物一生都是浮游动物。桡足动物一般只有1—2毫米长,占浮游动物总数的70%,可能是地球上数量最多的动物。桡足动物用足部把细小的植物送到嘴边吃掉,而许多其他的浮游动物则以它们作为食物,所以桡足动物是海洋食物链的基础。以桡足动物为食的浮游动物,则有鱼类和更大的海洋生物依赖它们生存。

磷虾看起来很像小虾米,但是它们的鳃是暴露在身体外的。

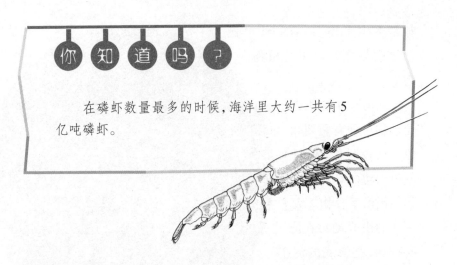

在磷虾数量最多的时候，海洋里大约一共有5亿吨磷虾。

成年的磷虾大约5厘米长，比一般的桡足动物大很多，可它们仍旧是食物链中最重要的基础部分。磷虾通常以细小植物为食。种群最繁盛的时候，每1 000立方米海水里可生存100只磷虾。有时，我们之所以看到有些海水是红色的，就是因为磷虾在这些海水中。鱼类、海豹、鲸等都会食用它们。

躲在壳里的软体动物

软体动物的基本结构在大约5.3亿年前就形成了。新碟贝是现存最古老的软体动物。和大多数软体动物不同，新碟贝同时拥有鳃和排泄器官。或许这是一条告诉我们软体动物其实也是从早期节肢动物进化而来的线索，就像昆虫和甲壳动物一样。

人们在古老的岩层里发现了新碟贝的化石，而它本被认为在5亿年前就灭绝了。20世纪中期，人类在太平洋的深海沟里捕捉到了活的新碟贝。新碟贝一般在海底爬行，寻找细小的微粒为食。

软体动物种群的繁盛程度仅次于昆虫，有7.5万种。现代软体动物主要以蜗牛和海螺为主，它们都有螺旋状的壳。可是在7 000万年前，它们的种类还是不多，那时普遍存在的是双壳纲软体动物，比如蛤和头足动物。

双壳纲动物有两个壳，它们把壳紧紧地闭起来从而保护自己。成年的双壳纲动物一般都待在同一个地方静止不动，或者缓慢地游

软体动物包括蜗牛、蚌类和章鱼等，大部分软体动物没有骨骼而有外壳以及不分节的身体。它们用鳃呼吸，由可伸缩的表皮保护内部器官，称为外套膜。像蜗牛一样的腹足纲软体动物的嘴里有齿舌，齿舌就是它们口腔中生有齿的带状物。它们用强有力的腹足移动。

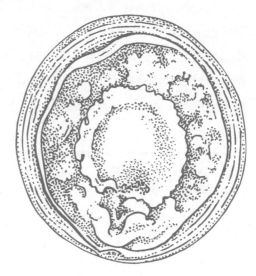

新碟贝
作为真正的"活化石"，新碟贝这种深海软体动物在4亿年间几乎没有变化。

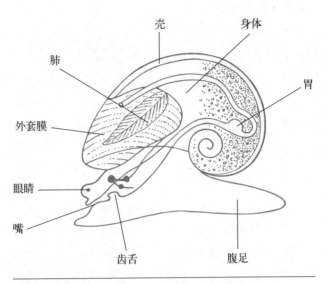

壳　　身体

肺

胃

外套膜

眼睛

嘴

齿舌　　　腹足

蜗牛的解剖图
蜗牛的主要身体器官。

来游去。和其他的软体动物一样，它们的幼体也生活在浮游动物之间。双壳纲动物用鳃呼吸，也用鳃捕捉细小的食物。双壳纲动物一般都很小，但生活在热带的巨蛤体积却很庞大。

双壳纲现在也有很多种类，如牡蛎、扇贝、蚌，在恐龙时代的岩层里也可以发现它们的化石。有的时候，在木头化石里可以发现叫作船蛆的古老双壳纲动物。并非所有古代双壳纲动物都和现在的一样。固着蛤生活在礁石间，背着一个锥形的壳，锥形壳的顶部还有帽子一样的壳盖。一些固着蛤高可达1米。

知　识　窗

一只巨蛤直径有1.2米，外壳重达200千克。

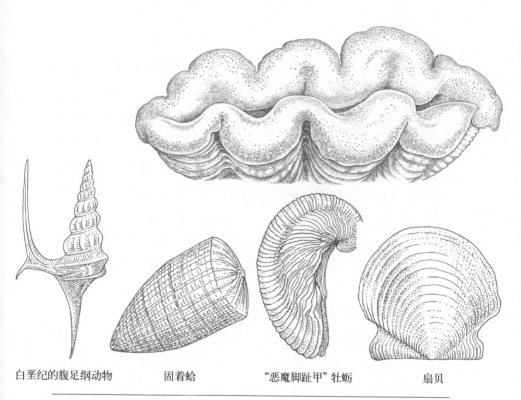

白垩纪的腹足纲动物　　　固着蛤　　　"恶魔脚趾甲"牡蛎　　　扇贝

壳的化石

软体动物的壳很容易变成化石。例如，白垩纪的腹足纲动物和扇贝的外壳从恐龙时代起并没怎么发生变化。固着蛤和一种叫作"恶魔脚趾甲"的牡蛎现在已经灭绝了。

带着壳游来游去的头足动物

　　头足动物都是捕食者。早期的鹦鹉螺目软体动物长有细细长长的锥形壳。它们的体积一般很小，但有些种类最大能达到3.4米长。再后来，鹦鹉螺目的软体动物也进化出了螺旋状的壳。

有些软体动物,如鹦鹉螺目软体动物,其壳内有许多腔室。身体在最后一个腔室里,能够接触水。头和"脚"是突出的,头部有感觉器官,"脚"则分成许多触须。鹦鹉螺目软体动物出现在5亿年前,大约4.5亿年前种群最为庞大。

珍珠鹦鹉螺逃脱了灭绝的厄运,如今还生活在海洋里:它的壳里有许多气体,可以使身体浮起来。嘴部环绕着触手,其触手上没有吸盘。当它躲进壳里的时候,两条触手合在一起可盖住壳口,它的眼睛可以从其下方向外看。鹦鹉螺的感觉器官和神经系统不发达,和其他头足动物相比,鹦鹉螺像一个复古风格的艺术品。

大约3.5亿年前的海洋里,菊石取代了鹦鹉螺的地位。它们的壳和鹦鹉螺的壳很像,基本都是螺旋状的,形态则多种多样。从壳的化石可以看出,菊石的壳里面有精巧的腔室。由于进化速度很快,每过几百万年就会发展出很多新的种类、出现不同形状的壳,因此可以根据菊石壳的化石来精确判断岩层的年代。尽管在2.25亿—6 500万年前,菊石在海洋里十分繁盛,可是它们还是在恐龙

鹦鹉螺目软体动物的眼睛构造很简单,没有晶状体,其工作原理类似针孔照相机。

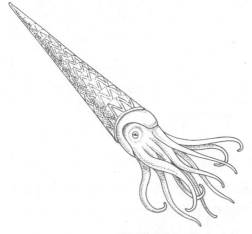

直壳的鹦鹉螺目软体动物

斯台芬菊石

菊石
有的菊石有螺旋状的壳,其外壳的装饰很漂亮,比如多味蕾角石;还有一些菊石有角状的壳,没有螺旋,比如哈姆族。

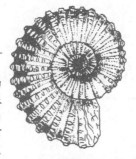

多味蕾角石

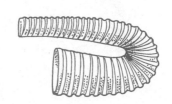

哈姆族

25

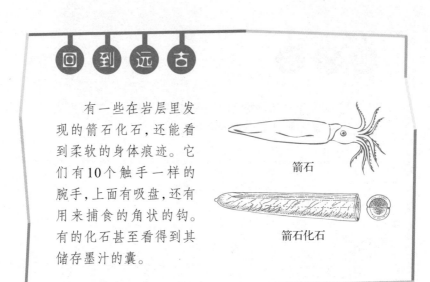

回 到 远 古

有一些在岩层里发现的箭石化石，还能看到柔软的身体痕迹。它们有10个触手一样的腕手，上面有吸盘，还有用来捕食的角状的钩。有的化石甚至看得到其储存墨汁的囊。

箭石

箭石化石

时代之后灭绝了。

箭石是和现代的鱿鱼关系最密切的古生物。它的壳位于身体里而不是身体外，箭石也是敏捷的游泳健将。箭石进化得很早，在恐龙时代也很繁盛。可是和菊石不同的是，有一些种类的箭石存活了下来。有时候，可以发现大量箭石的壳聚在一处，可能是它们一起在浅滩捕食。

身体最大的和脑最大的动物

乌贼是一种短而扁平的动物，虽然擅长游泳，却生活在海底。有几类乌贼是动物中最精于变色的，它们通过变色伪装，也用鲜艳的颜色吸引配偶或吓退竞争者。乌贼通过一些细小的肌肉组织来改变皮肤中色素细胞的形状以达成变色，这种变化发生得很快。乌贼还能顺着身体发出一种神经冲动。这些都说明，乌贼的神经系统已经进化得很完善了，这也为现代的鱿鱼和章鱼所有。它们有巨大的脑和反应快速的神经系统，视力很好，而且有发达的平衡器官。它们的触须上长有感觉细胞，可以像味觉细胞一样品尝味道。大多数乌贼都有墨囊，里面储存有黑

在无脊椎动物中，体型最大的、游得最快的和脑最大的都是头足动物。远古的头足动物的壳是凸出的，现在缩小了很多。乌贼体内有类似内骨骼的壳（这种壳可以做成骨粉喂养鸟类），壳里充满了空气以控制浮力大小。鱿鱼的体内只有一个薄薄的膜状壳，章鱼则完全没有壳。

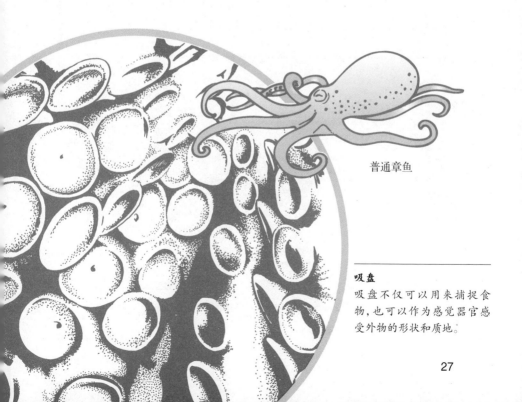

普通章鱼

吸盘
吸盘不仅可以用来捕捉食物，也可以作为感觉器官感受外物的形状和质地。

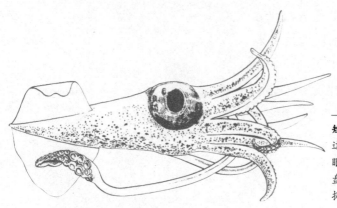

短柔鱼
这种鱿科动物有两只大眼睛和两条长长的带吸盘的触手，帮助它们捕捉食物。

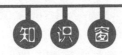
知 识 窗

鱿鱼的移动速度最快可达每小时55千米，有一些种类的鱿鱼甚至可以跳到空中滑行45米。

吸血鬼乌贼

头足动物
吸血鬼乌贼和大王乌贼一般生活在深海里。

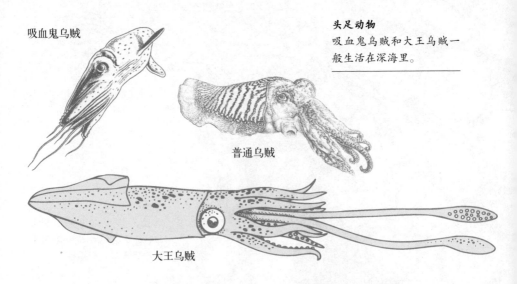

普通乌贼

大王乌贼

28

色的墨汁。在遇到危险时，它们会把墨汁喷出来干扰天敌，以便顺利逃跑。

　　章鱼生活在海底或者藏在岩石的缝隙里。它通过八只触手爬行或者游动，也可以借助喷射墨汁的推动力前进。它用触手抓住螃蟹或者其他动物，然后用角状的嘴把它们吃掉。北太平洋巨型章鱼的触须可以伸到5米远的地方，其他大部分章鱼都比它小得多。

　　鱿鱼有流线型的身体，尾端还长有肉鳍。通过拍打鳍，鱿鱼可以向头部或尾部的方向移动，还会喷水来帮助自己更快速地移动。有一些鱿鱼是海洋里的顶级游泳健将，只有一些大鱼和鲸能打败它们。它们是可怖的捕食者，而且能逃脱大部分天敌的捕捉。大多数鱿鱼住在浅海，有一些住在深海里。最大的鱿鱼叫作大王乌贼，它们能长到21米甚至更大。

第 3 章

鱼类和
两栖动物

最早的脊椎动物

在温暖的海洋里，有一种5厘米长的鱼形动物个体埋在沙子里，其头部末端露在水中。它用嘴部的触须和鳃过滤海水以获取微小的食物。这种动物叫作文昌鱼，是一种简单的低等动物。它的一些独有特征，使其被认为是鱼类的祖先。

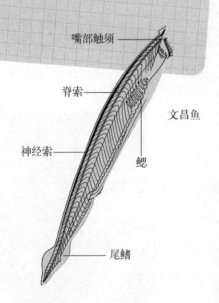

嘴部触须

脊索

神经索

鳃

尾鳍

文昌鱼

在距今4.7亿年的岩层里，发现了最早的真正的脊椎动物。这种动物没有上下颌，它们过滤海水、挖掘海底的泥土，就像现在的文昌鱼一样。它们有尾鳍，可是和现代鱼类不同，它们没有成对的鳍。但它们有很多骨头，在接下来的1亿年，这些无颌鱼的头部长出了平直的硬骨头，身体的其他部位则长出了多刺的鳞，而其脊柱由软骨构成。有一些无颌鱼的身体两侧长着肉质圆片，或是类似于多骨的翅膀的东西，这些结构可以帮助它们稳定身体。

大部分古代无颌鱼的体型都很小，大约在20厘米长。也许正是因为体型小，外骨甲对它们来说很重要。没有外骨甲的话，它们就很容易被海蝎子或者其他大型无脊椎动物捕猎到。这样的硬壳还有一个优点：给肌肉提供可

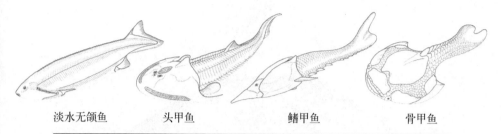

淡水无颌鱼　　　头甲鱼　　　　　　鳍甲鱼　　　　　　骨甲鱼

远古的无颌鱼类
上图是四种无颌纲动物。

　　现在仍存活的无颌鱼仅有七鳃鳗和盲鳗。这些身体长长的鱼长有多骨的外甲，是寄生鱼类。七鳃鳗的嘴像吸盘一样，里面有许多角状的牙齿，牙齿用以攀附于其他动物体表，然后锉掉它们的肉。七鳃鳗生活在河流和海洋里，而盲鳗生活在大海里。盲鳗的舌头上长有牙齿，用来在宿主身上钻孔。和它们的古代亲戚一样，七鳃鳗和盲鳗在头后部有连续的鳃囊，但也没有成对的鳍。

七鳃鳗
七鳃鳗的嘴像一个大吸盘，嘴里长有许多角状的牙齿。

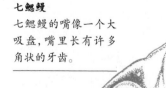

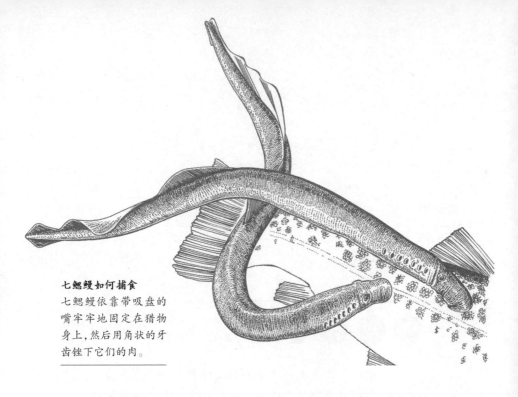

七鳃鳗如何捕食
七鳃鳗依靠靠带吸盘的
嘴牢牢地固定在猎物
身上，然后用角状的牙
齿锉下它们的肉。

以附着的地方。有了肌肉，它们的游动速度就提高了。无颌鱼种
类繁多、数量庞大，但是大部分在3.5亿年前就灭绝了。

有颌鱼类

　　盾皮鱼就是皮肤像盔甲一样的鱼，它们沉重的骨头可用作盔
甲以保护自身。盾皮鱼生活在4.4亿年前到3.55亿年前。有的在
身体两侧长有对鳍和有力的尾鳍，是很强壮的游泳健将。盾皮鱼
种类繁多，形状和大小各不相同。有一些体型很小，比如沟鳞鱼，
它们的前鳍覆盖着铠甲，看起来像螃蟹的螯足一样（或许它们用

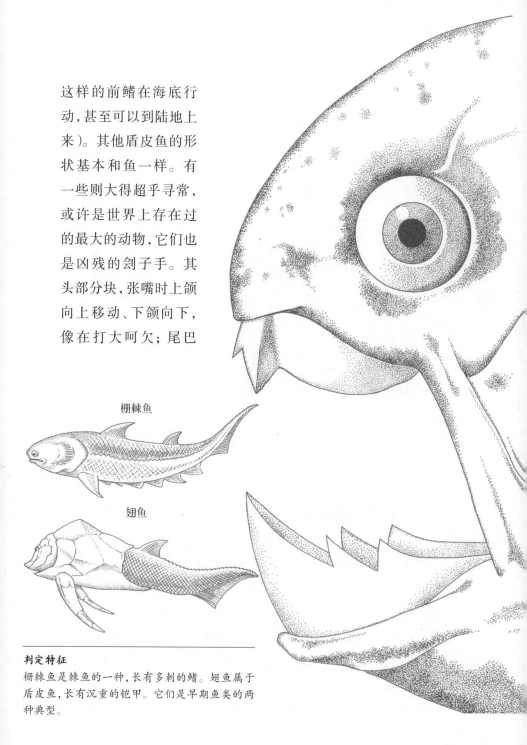

这样的前鳍在海底行
动，甚至可以到陆地上
来）。其他盾皮鱼的形
状基本和鱼一样。有
一些则大得超乎寻常，
或许是世界上存在过
的最大的动物，它们也
是凶残的刽子手。其
头部分块，张嘴时上颌
向上移动、下颌向下，
像在打大呵欠；尾巴

栅棘鱼

翅鱼

判定特征

栅棘鱼是棘鱼的一种，长有多刺的鳍。翅鱼属于
盾皮鱼，长有沉重的铠甲。它们是早期鱼类的两
种典型。

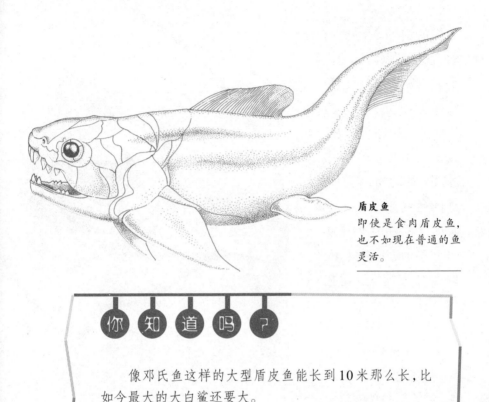

盾皮鱼
即使是食肉盾皮鱼，也不如现在普通的鱼灵活。

你 知 道 吗 ?

像邓氏鱼这样的大型盾皮鱼能长到10米那么长，比如今最大的大白鲨还要大。

和鲨鱼的很像，如果盾皮鱼没有盔甲的话，它或许就是现代鲨鱼的远亲了。

盾皮鱼生活的年代，还生活有许多棘鱼。棘鱼存活得更久些，大约到2.8亿年前灭绝。有时也把棘鱼叫作"刺鲨"，它们身体上长有很多刺，却并不是鲨鱼。它们有和鲨鱼一样不对称的尾巴，下有臀鳍，上有一个或两个背鳍，身前有一对胸鳍，还有一对鳍长在骨盆处，叫作腹鳍。棘鱼鳍前长有长长的刺，有的种类沿腹部也长着一排排的刺。

棘鱼的大眼睛对于捕猎来说可能并不重要。大部分棘鱼体型很

在整个生命的周期中，棘鱼的鳞片数量是固定的。

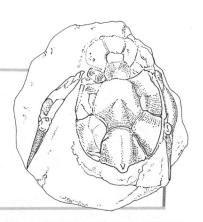

小，大约20厘米长；也有一些种类能长到2米，还长有可怕的颌；有的种类甚至没有牙齿，用鳃过滤海水获取食物。

盾皮鱼化石
这块化石里可以看到沟鳞鱼，它和翅鱼很像。这里能看出它的头部，还能看出多刺的像胸鳍一样的鳍状前肢。这样的鳍状前肢可能会帮助它行动或者在泥里挖洞。

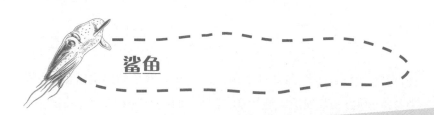

鲨鱼

鲨鱼存在至今已经有4亿年了。经历物种大灭绝的时代，鲨鱼得以存活的其中一个重要原因就是鲨鱼有成排的鳃裂、硬鳍和不对称的叶状尾巴。在远古时期，鲨鱼就出现了，它们的模样到现在并没有很大改变。虽然多骨鱼有成千上万种，但鲨鱼只有360

鲨鱼的骨骼由软骨构成。与许多早期鱼类不同，鲨鱼没有硬骨体甲。鲨鱼的皮肤由较小的齿状鳞片所保护，这些鳞片和牙齿是鲨鱼身体中最坚硬的部分。牙齿是最容易变成化石的部分，在化石记录中普遍存在。鲨鱼有硬质的胸鳍和腹鳍，可用于保持稳定，却不能用来控制方向和停游。大部分鲨鱼都比水重，所以必须不停游动，才能使自己不会沉下去。

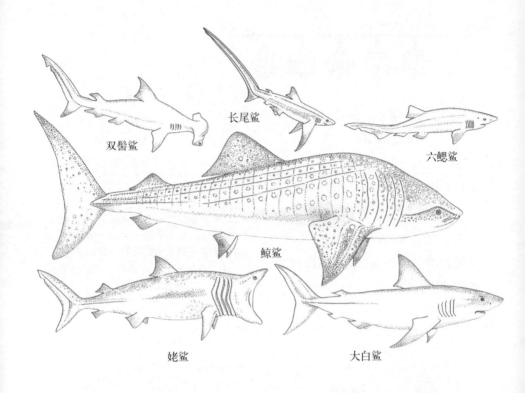

双髻鲨

长尾鲨

六鳃鲨

鲸鲨

姥鲨

大白鲨

种，其中却包含了许多食物链顶层的大鱼。鲨鱼的感觉官能、流线型身体、利齿和其他适应性特征，都使它们成为顶级的食肉动物。

鲨鱼一般产卵，有些种类会把卵保存在身体里，直到小鲨鱼孵化；还有一些甚至能给身体里的宝宝提供像奶水一样有营养的液体。有一些大型鲨鱼，比如灰鲭鲨和大白鲨，可以保持其体温比周围环境高出许多，因而非常灵活。灰鲭鲨游速可达每小时95千米。根据牙齿的化石，灰鲭鲨和大白鲨1亿年来都没有什么变化。现存的一些鲨鱼，如六鳃鲨（大部分鲨鱼只有五片鳃），2亿年来几乎没有变化。大型食肉鲨鱼的巨大牙齿是让猎物害怕的武器，可如姥鲨这样的大鲨鱼，其牙齿却毫无用武之地，因为姥鲨以小型浮游生物为食，它们以鳃过滤海水来获取食物。

鲨鱼档案

★虎鲨（6米）
它们几乎什么都吃。

★大白鲨（8米）
捕食海豹、海豚等动物，有时候还会吃人。

★双髻鲨（5米）
用宽嘴巴里带电的灵敏器官捕食。

★长尾鲨（6米）
肉食动物，用尾巴打晕小鱼，然后吃掉它们。

★姥鲨（10—15米）
滤食动物。

★鲸鲨（12—18米）
滤食动物。

★小型刺鲨（25厘米）
小型深海鲨鱼。

一条鲨鱼嘴里有600颗牙齿。牙齿会更换，但口中总数并不会变。鲨鱼在一生中会脱落上万颗牙齿。

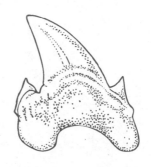

你知道吗?

如今所发现的鲨鱼鳞片化石比其牙齿化石更古老。难道它们是在长出鳞片之后才进化出长有牙齿的颚吗?

鲨鱼的牙齿
鲨鱼的牙齿相当坚固锋利。

鳐和银鲛

有些鳐，比如团扇鳐，背上长着巨大的壳用以自卫。大多数鳐的牙齿进化成扁平状，这样有助于磨碎如软体动物和螃蟹之类的食物。

现在的海洋里，鳐的种类和鲨鱼的种类一般多。至少2亿年前，这两种软骨鱼纲动物就有了各自的特征。至少1亿年前，就已经出现了虹、赤虹和锯鳐，模样和现在很像。

鳐和虹都长有胸鳍，展开的时候像巨大的翅膀一样，利于其游泳。它们大部分住在海底或者海底附近，长有向下的裂鳃，用于呼吸时排水。鳐的气孔长在头顶后部，是一个小洞，鳐通过气孔把水吸进鳃里。鳐还长有细小的齿状鳞片。

锯鳐的身体很宽，吻部两侧各有一串长长的凸起，其上长有锋利的吻齿。凸起的吻齿被用作武器来抽打鱼群，然后锯鳐就能把这些鱼吃掉。典型的鳐和虹生活在水底，捕捉移动缓慢的小动物。它们产的卵很大，外面包有硬壳，被称为"美人鱼的小钱袋"，有时甚至会被海水冲到岸上来。电鳐的身体呈圆形，体表没有鳞片。它们通过放电来保护自己，击昏猎物。赤虹的尾部有较大的刺，可以刺向敌人、注射毒液，从而保护自身。对人类来说，这种毒液会导致剧痛，但不致命。赤虹的幼鱼直接出生，不需要孵化，它的近亲双吻前口蝠鲼也是如此。鳐是一种大型鱼类，由于其突出的眼睛，有时会被叫作魔鬼鱼。它们会利用这一优势，引诱浮游生物和小鱼进入嘴里，然后用鳃把水滤掉，继而吃掉它们。

银鲛体长可达1米，外形奇特。它们和鲨鱼、鳐一样，骨骼由软骨构成。在鱼类进化的早期，银鲛从鲨鱼和鳐中独立出来。和鲨鱼不同，银鲛的鳃上只有一个鳃盖。小银鲛长有齿状的鳞片，成鱼则没

"美人鱼的小钱袋"
幼鳐在孵化前，会在像皮革一样坚韧的壳里发育好几个月。

双吻前口蝠鲼

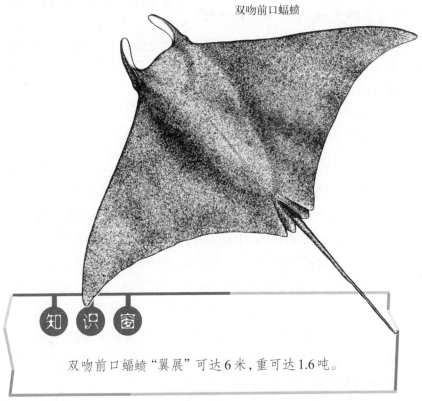

知 识 窗

双吻前口蝠鲼"翼展"可达6米，重可达1.6吨。

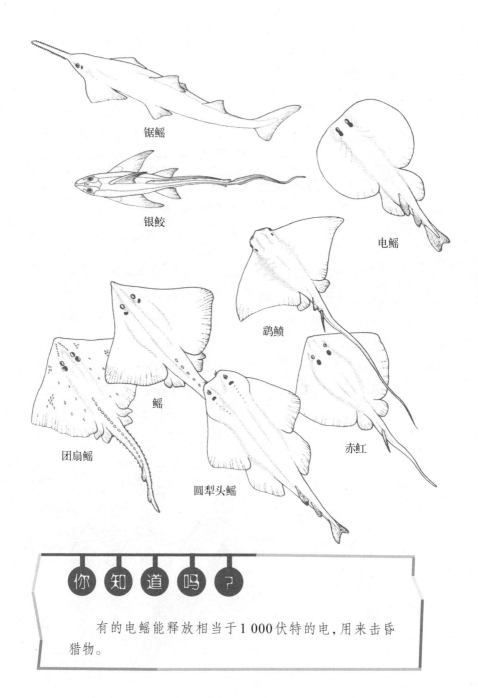

锯鳐

银鲛

电鳐

鹞鲼

鳐

团扇鳐

圆犁头鳐

赤魟

有。此外，银鲛不易变成化石。如今，大约有30种银鲛生活在寒冷的深海里，它坚硬的嘴里长有牙齿，用来磨碎食物。

古老的多骨鱼

现代的大多数鱼都属于硬骨鱼纲。每一条硬骨鱼都长有坚硬的骨架，它们的鳍由一系列薄薄的膜支撑起来。

辐鳍鱼有漫长的进化史，可以一直追溯到4亿年前。那时有一种小型辐鳍鱼叫作鳕鳞鱼，长约25厘米。其头骨重，脸颊部位生有多骨的鳞，全身也长满了又厚又重的鳞片。肉质的尾部指向上方，其下长有薄膜以作支撑，用

鲟鱼

来保持平衡。鳕鳞鱼看起来有点僵硬，身体两侧的鳍并不灵活。尽管如此，这种大眼鱼的化石全世界都有发掘。它们曾经也是相当繁盛的食肉动物。

辐鳍鱼的进化趋向包括：增加机动性、减轻外壳或骨骼的重量、增加鳍的效率等。有一些进化历程被化石记录了下来，若干种数量较少的现存的辐鳍鱼，保存下了其进化各个时期的形态。

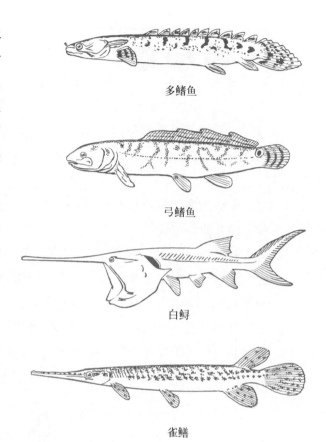

多鳍鱼

弓鳍鱼

白鲟

雀鳝

鲟鱼的寿命有一百多年。最大的鲟鱼可以长到6米长,重量可达1吨。

非洲的多鳍鱼长有沉重的鳞片、坚硬的鳍,背上还长有一排小鳍。多鳍鱼幼鱼长着和蝌蚪一样的外鳃(对于早期鱼类来说或许相当普遍)。多鳍鱼成鱼长有气囊,如果水里的氧气不足,它就可以通过气囊呼吸空气。多鳍鱼的头部十分坚硬,颚不能张得很大,有个体能长到70厘米长。和它相似的芦鳗比它长,大约能长到1米。

鲟鱼几乎没有硬骨,其骨骼由软骨构成,尾巴和鲨鱼尾巴类似,身侧长有一排排骨质鳞片。鲟鱼生活在海洋和淡水里。有一些种类为了产卵,会从海洋出发,顺着河流迁移。鲟鱼子酱就是从迁移的

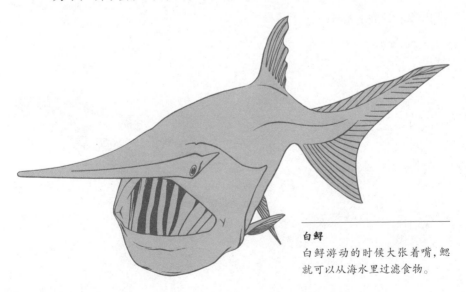

白鲟
白鲟游动的时候大张着嘴,鳃就可以从海水里过滤食物。

46

雌鱼身上获得的,每只雌鱼能产几亿枚卵。鲟鱼生活在水底附近,其食物有软体动物、蠕虫和其他小型动物。美国和中国的白鲟和鲟鱼十分相似,只是白鲟的嘴能张得更大,捕食浮游生物。

弓鳍鱼和雀鳝生活在北美洲。世界上其他一些地方也发现了它们的化石。弓鳍鱼能长到1米长,有些雀鳝甚至能长到2.5米。这两种鱼都有原始鱼类的特征,比如厚厚的鳞片、能够呼吸空气等。它们也都是食肉鱼类。

速度和控制

如今,在海洋和淡水里,一共有2万种硬鳞鱼。正如你所想,它们的形状、大小、生活习性多种多样,不过它们的这些不同都建立在同一种进化得十分完善的身体结构上。

硬鳞鱼是最发达的辐鳍鱼,其最早的化石有2亿年历史,然而,它们在灭绝前的最后7 000万年才达到鼎盛。

硬鳞鱼的骨头不仅支撑身体、保持身体形状,还提供了肌肉活动的余地,这些骨头尽管轻,可还是能提供移动需要的力量。其头骨和下颌骨都能够移动,所以许多硬鳞鱼能快速把嘴张得很大,以便捕捉猎物。它们也擅长用嘴吸取水流,让水流过鳃。

硬鳞鱼的鱼鳔是一个像气球一样的气囊,鱼鳔里逐渐充满气体,就能够让鱼从水下浮上水面。一旦获得浮力,尾鳍只要有规律地摆动，就能让鱼前进。（对于其他没有鱼鳔的鱼，尾鳍不仅要提供向前的推动力，还要提供向上的浮力。）

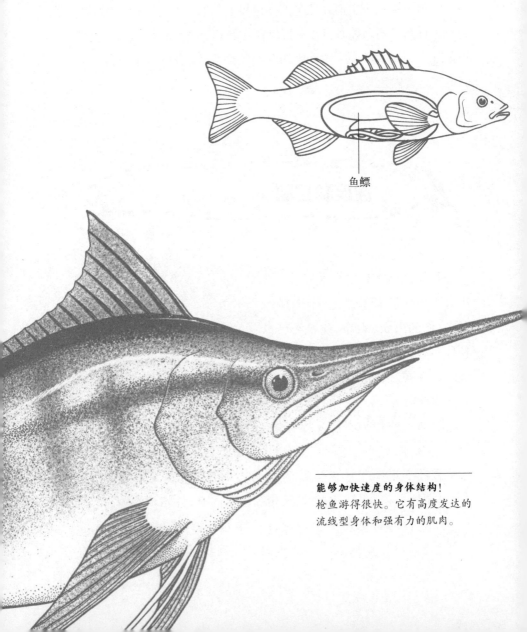

鱼鳔

能够加快速度的身体结构！
枪鱼游得很快。它有高度发达的流线型身体和强有力的肌肉。

菲律宾的侏儒虾虎鱼是最小的硬鳞鱼，也是最小的成体脊椎动物。侏儒虾虎鱼只有0.7厘米长，重0.005克，而太阳鱼则重达1吨。

侏儒虾虎鱼

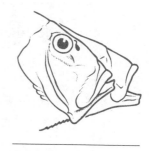

食肉鱼类

这种叫作鲂的海鱼，身体又窄又短，伸长了贪婪的颚以咬住猎物。

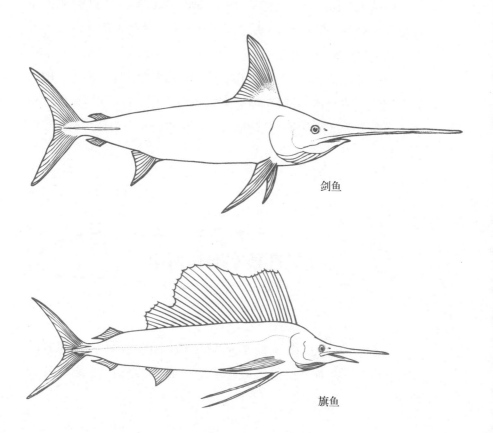

剑鱼

旗鱼

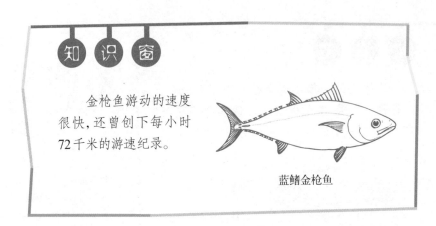
硬鳞鱼的每一个鳍条都是由单块肌肉牵动的。它们的体表覆盖着很轻的鳞片,鳞片上有一层釉质,很像人类牙齿上的牙釉质。很多硬鳞鱼都长着单片背鳍。

硬鳞鱼可悬浮在水中,除了呼吸之外几乎能够完全静止。由于拥有流线型的身体,硬鳞鱼能够突然像箭一样穿过海水,捕捉猎物或者逃脱天敌追猎。有一些硬鳞鱼甚至可以毫不费力地快速游动很长时间。

生活在狭窄的角落里

天使鱼生活在南美洲水草横生的河流里,靠胸鳍和背鳍在水里缓缓游动。如果发现猎物,它能摆动尾巴迅速转身冲过去。

海里的蝴蝶鱼的嘴巴处前位，似凸起，它把嘴巴伸进礁石的缝隙里以寻找食物。蝴蝶鱼除了有准确定位的能力，还长有巨大的胸鳍以快速游动。

海马的背鳍长在背中部，游动时靠摆动背鳍前进。海马生活在水草间，行动缓慢，用吸管一样的嘴把猎物吸进肚子里。和一般动物的尾巴不同，海马的尾巴适应于攀抓水草。

濑鱼靠摆动胸鳍在水里游动，好像永远都不知道疲倦。濑鱼在礁石上觅食。有一些种类的濑鱼专门做其他鱼类的清洁工，灵活地摘取它们皮肤和鳃上的寄生虫食用。

要适应狭窄空间里的生活还有一种办法，就是长出像蠕虫一样长长的身体挤进洞穴或者岩石的缝隙里。美洲鳗就长着这样的身体，前进的时候不靠尾鳍，而通过肌肉收缩，将身体弯曲成弧形，继而推动水前进。

对一些种类的鱼来说，流线型的身体并非必需。有些鱼生活在狭窄的空间里，如水草间或者珊瑚礁的缝隙里，它们只要能准确控制方向就行，不需要游得很快。这些鱼的身体一般又瘦又长，能轻易地迅速转身。它们一般靠摆动胸鳍游动，也有种类摆动背鳍或腹鳍。

海马

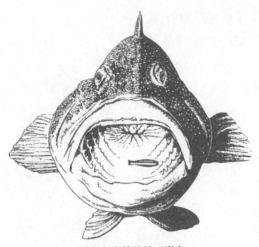

鲶鱼和它的清洁工濑鱼

异糯鳗亚科成群生活在洞穴里，很少出来。它们身体的形状适应于挖洞。

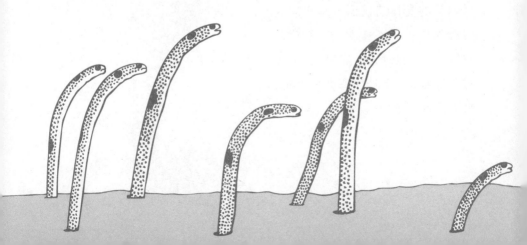

　　细潜鱼一生中的许多时间都生活在海胆或者其他动物体内。地中海有一种细潜鱼会倒着钻入海参体内，长长的身体、进化得很好的背鳍和腹鳍都能让它很容易就钻进去。

特化的构造

　　淡水蝴蝶鱼能跳出水面，拍打仿佛翅膀的胸鳍，"飞行"一段距离。海里的飞鱼甚至能飞得更远：它们像箭一样射出水面，拍打宽大的胸鳍，能够滑行100米以上。有时，飞鱼在落回水面时，会用尾巴击打水面，这样就能在空中停留得更久。被追猎时，飞鱼就是这

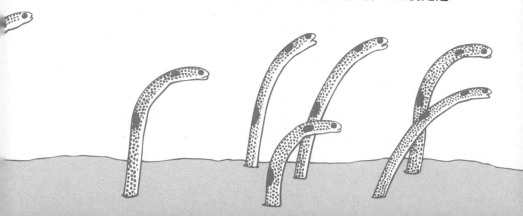

当今世上有许许多多种硬鳞鱼，其中有一些为了生存下来而发生了专门的进化，令人惊异。有一些鱼甚至能做多数鱼类不能做的事情，比如脱离水在泥里跳来跳去（弹涂鱼）或是爬树（攀鲈）。

样逃脱的。

裸躄鱼和海龙（海龙是海马的近亲）的伪装本领高超。它们不仅能变成周围海草的颜色，还能变出和周围水草相匹配的形状。

鲆鲽、欧鲽等鲽科鱼，身体两侧各有一只眼睛。身体一侧为白色，另一侧却是彩色。它们生活在海底，有时把一部分身体埋在沙土里。它们还能在一定程度上改变自己的颜色，达到伪装的目的。

鱼类还有一种保护自己的办法就是突然把自己吹大，河鲀就是其中之一。这些游动缓慢的鱼能突然变成一个多刺的球，这样就不容易被敌人吃掉。

许多鱼长有能放电的器官，也能保护它们。电鳗和象鼻子鱼都有进化得很好的放电器官。它们在游动的时候身体都保持直立，以便更高效地放电，保护自身。

逃离追捕
河鲀有着柔软的皮肤，皮肤上长满了刺。遇到危险的时候，河鲀会把自己吹胀成平时的两倍大，变成一个刺球。

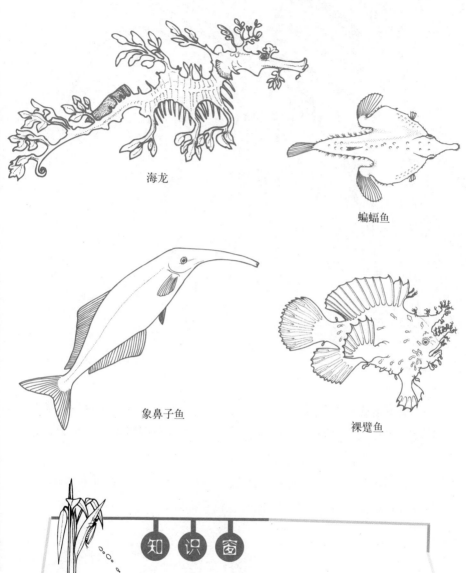

海龙

蝙蝠鱼

象鼻子鱼

裸躄鱼

知 识 窗

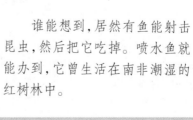

谁能想到，居然有鱼能射击昆虫，然后把它吃掉。喷水鱼就能办到，它曾生活在南非潮湿的红树林中。

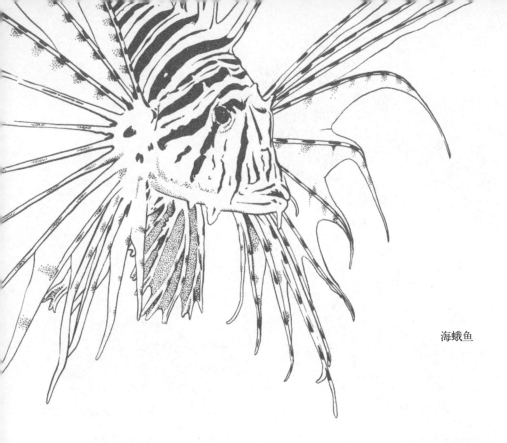

海蛾鱼

硬鳞鱼还有一种适应性变化就是鳍进化成吸盘。鲫鱼就通过吸盘紧贴在海底的岩石上。它们还会用进化了的背鳍吸附在鲨鱼或者海龟身体下方，就像坐免费的汽车。

有的鱼甚至会释放毒液。鲈鱼和石头鱼的背鳍上都长有毒刺。海蛾鱼的鳍不仅可用于伪装，同时也长有毒刺。

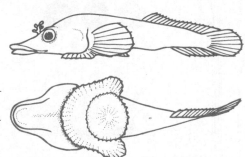

紧紧抓住
鲫鱼大部分生活在热带海岸附近的浅水里。腹鳍进化成了吸盘。

逃离死亡

腔棘鱼是一种叶鳍硬骨鱼，它们的鳍靠薄薄的膜支撑，根部则长有骨头支撑。有些叶鳍内部的骨头排列和人类四指的骨头排列很像。大部分早期腔棘鱼长期生活在海里，体型很小，只有

腔棘鱼已有3.5亿年的历史。大约2亿年前，腔棘鱼开始逐渐衰退。最后的腔棘鱼化石大约在7 000万年前形成。一些科学家认为，腔棘鱼就是那时灭绝的。

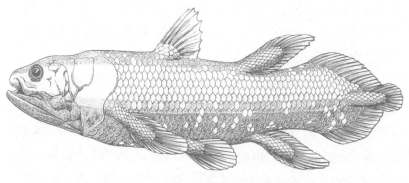

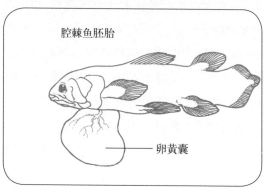

腔棘鱼胚胎

卵黄囊

幼鱼

腔棘鱼的卵在母体内发育。幼鱼出生时就已经长得很大了。

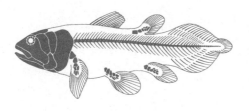

现存的矛尾鱼

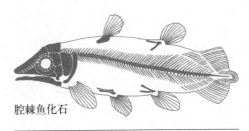

腔棘鱼化石

化石记录
现代矛尾鱼的骨骼和2亿年前腔棘鱼化石的骨骼十分相似。

25厘米长。后期有一些腔棘鱼进化得稍大一些。其体表覆盖着细小的鳞片，在化石内部则可见单片的肺。据推测，这样的肺并不能用于呼吸，那它有什么用途呢？大部分鱼为卵生，可是已经发现的一个腔棘鱼化石，在骨骼中有两尾幼鱼。有些科学家认为，腔棘鱼幼鱼是在母体内孵化的；还有一些科学家则不赞同，他们认为那不过是吃到肚子里的食物。

1938年在南非的海岸附近，人们用渔网捕捉到了活的矛尾鱼。这条鱼大约1.5米长、重80千克，鱼体深蓝色，形状特别，长有和腔棘鱼一样的叶鳍。捕捞的鱼无法保护下来做研究用，可是毫无疑问，它的确是一种腔棘鱼。因而，科学家想要找到更多这样的鱼。迄今为止，近200个这种鱼的化石被找到，可是没有一条出现在最初发现它的南非海岸。矛尾鱼数量很少，主要生活在位于马达加斯加北部和非洲之间印度洋中的科摩罗群岛附近。

活的矛尾鱼在150—300米深的海里被发现，在很微弱的光线下，矛尾鱼的眼睛仍然能够看到东西。它们行动迟缓，摆动灵活多刺的鳍，停留在水里的固定区域。矛尾鱼体内含有许多油脂，这也许是为了增加浮力，来抵消它的骨头和鳞片的重量。可是它的肺里也充满了油脂，对于在深海生活的矛尾鱼来说，似乎完全没有必要。

　　矛尾鱼以各种各样的小鱼和鱿鱼为食。已经发现的一条雌性矛尾鱼腹中怀有30厘米长的幼鱼。这也就证明了腔棘鱼的幼鱼能够在母亲体内发育。

长有肺的鱼类

　　澳大利亚肺鱼和2亿年前的古生肺鱼十分相似，能够呼吸空气。在氧气很少的水里生活，能够呼吸空气十分必要。非洲肺鱼和古生肺鱼的相似之处则很少；南美肺鱼身体很长，像管子一样。这些鱼都能用肺呼吸空气，即使脱离水一段时间，也能存活。在干旱的季节，它们用黏液做成茧，躲在里面，等待雨季来临。典型的肺鱼均为叶鳍，可是现存的非洲肺鱼和南美肺鱼则有所改变。

　　古生肺鱼的化石能追溯到3.5亿年前。肺鱼一度普遍，后来渐渐减少，现存的肺鱼只有3种。

　　肺鱼能够呼吸空气，长有像鳍一样的腿，可是它们好像从来不到岸上来。和其他的鱼一样，腔棘鱼和肺鱼也是从远古的肉鳍鱼进化而来的。最早的四足生物就是从肉鳍鱼中的一种进化来的。大多数科学家都赞同这个观点，可是究竟哪一种鱼是四足生物的祖先，却让他们争论不休。

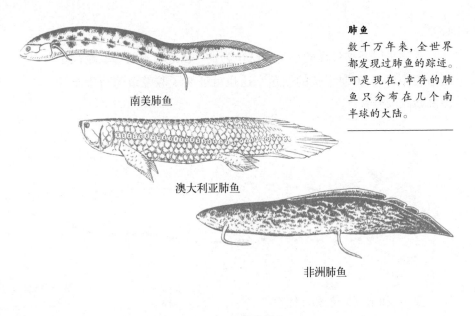

南美肺鱼

澳大利亚肺鱼

非洲肺鱼

肺鱼

数千万年来，全世界都发现过肺鱼的踪迹。可是现在，幸存的肺鱼只分布在几个南半球的大陆。

真掌鳍鱼

这种生物或许能够直接呼吸空气，长有成对的带有骨头的鳍，与动物的四肢类似。它或许能爬行一定距离，比如两个池塘之间的泥地。

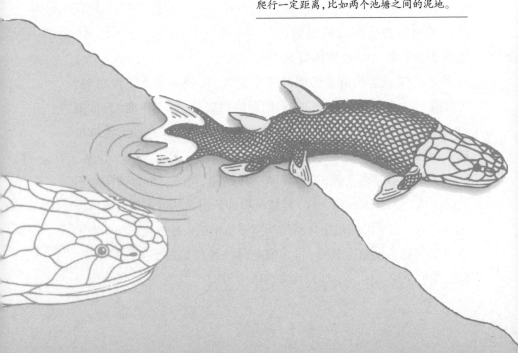

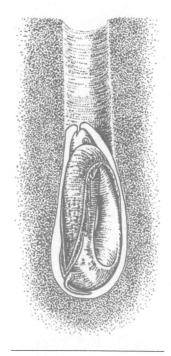

最早的四足动物或用鼻孔呼吸，而其鼻孔通到嘴里，它们还长有多骨的叶鳍。人们认为，真掌鳍鱼可能是四足动物的祖先之一。不过，近年来也有人更倾向于潘氏鱼。

事实上，最早的四足动物和鱼类很难区分。许多早期四足动物仍长有尾鳍和像鱼一样的头骨。早期四足动物还长有能够容易分辨的腿，尽管有的时候它们长有八个、七个或者六个脚趾，而不像后来的动物一样长有五个脚趾。它们还长有胸腔，以容纳肺。早期四足动物生活在温暖、干净的浅水或沼泽里。它们可以游泳，也可以在陆地上行走或者滑动。上岸的能力对四足动物来说，至关重要。

距今4亿—3.5亿年前，四足动物

向下挖洞
非洲肺鱼能够挺过长达几年的干旱，是由于它们像蚕作茧那样躲在洞穴里，可是这样也消耗了身体的肌肉。

鱼石螈
早期的两栖动物，长有脚趾，也长有像鱼一样的鳍条。

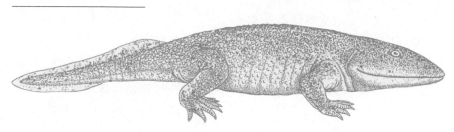

从鱼类进化而来，我们称其为两栖动物。8 000万年后，两栖动物在陆地上占据了统治地位。有一些可怕的食肉两栖动物能够长到4米，甚至更长。

当爬行动物出现时，这些各种各样的两栖动物就开始衰落。现在，只有一个纲的两栖动物存活了下来。可是它们无论在体型还是在生态地位，都不能与远古的亲戚们相提并论了。

到陆地上去

尽管早期四足动物在征服陆地的征途上迈出了一大步，可是这些"两栖动物"仍继续在水中或者重新回到水中生活。许多动物的腿太过短小，在陆地上无法支撑体重。一些早期两栖动物的身体又大又重，在生活习性上可能和鳄鱼很像，在沼泽里移动寻找食物；有一些则长着鱼的形状，伸长身体的时候和管子一样；还有一些，形状更是奇怪。

古巨螈是一种大型两栖动物，长有像鳄鱼一样长长的头，牙齿尖利，可以捕鱼。虽然长达4米，腿却很小，大部分时间都生活在水里。棒尾螈科的小型动物，大约20厘米长，腿缩小了许多，身体像是拉长的火蜥蜴。再长一些的是大约75厘米的蛇螈和长螈。长螈脊椎骨头数目众多，它们像蛇一样在沼泽里蜿蜒行进。

盗首螈是一种两栖动物，头骨扁平，其两侧突出，像角一样。盗首螈长到最大的时候，大约有60厘米长，两边的"角"也会成比例长大，头前部长有小小的嘴。圆螈也是一种奇怪的生物，其成体仍然保有鳃，看起来像长着小腿的蝌蚪，有些能长到1米长。这些动物都是水生动物。

有一些现代两栖动物，和它们的祖先一样，放弃了陆地生活，完全变成了水生动物。美西钝口螈进化出了腿，却终身保留鳃，像巨型蠕虫一样繁殖后代。洞螈属包括巴尔干半岛的洞螈和美洲泥螈等，长有短小的腿和发达的鳃，它们是完全水生的动物。洞螈生活在地下的洞里，弱视，皮肤没有色素。

鳗螈是另一种水生的北美洲蝾螈亚目动物，最大能长到90厘米，是现存最大的两栖动物之一。它们身体很长，长有外鳃和很小的前腿，但没有后腿。

其他种类
美西钝口螈虽然长有腿，可是却生活在水里，一生都保留着一些幼鱼的特征。

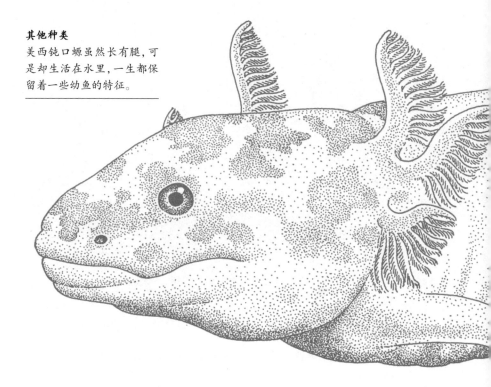

现存最大的两栖动物是中国的大鲵，能长到1.8米长，重达65千克。大鲵长有短小的腿，可是为了支撑身体的重量，还是选择待在水里。它们生活在河流中，很少移动。如果有猎物靠近它的藏身之处，它就会猛地把头转过去将猎物咬住。

盗首螈

生活在陆地上
巨头龙生活在2.5亿年前，是在陆地上生活的"两栖动物"，只有40厘米长。

生活在水里
古巨蜥生活在2.1亿年前,长有羸弱的腿,
大部分时间生活在水中,身长2.25米。

第4章

- - - - -

水生
爬行动物

史前爬行动物

在脊椎动物中，是爬行动物最初产下了带壳的卵，它们还长有干燥的不透水的皮肤，皮肤上布满鳞片。不过，它们如今不再局限在水里。很多爬行动物适应于生活在干燥环境中，有些甚至能够生活在沙漠里。尽管如此，在爬行动物中，很多种类又回到了海里或者淡水里，成为完全的水生生物。

中龙生活在3亿年前，是最早重新回到水里的两栖动物。它们的尾巴又长又扁，能在水中提供前进的动力。其后腿大而有力，能长到1米长，有长长的颚，牙齿尖利，可以相互咬合，很适合捕捉鱼类。也有一些人认为，它们是从水中过滤细小生物作为食物的。中龙生活在淡水里。

楯齿龙捕食软体动物。它

回到远古

楯齿龙可以追溯到2.2亿年前。它们大约2米长，游动缓慢，长有钉状前牙，捕食软体动物。

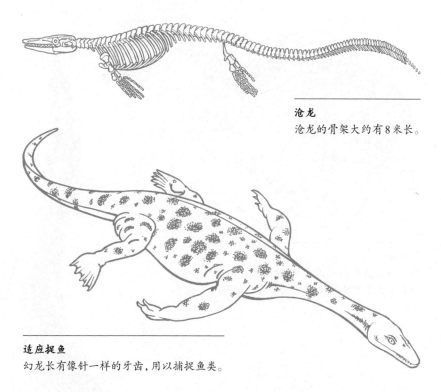

沧龙
沧龙的骨架大约有8米长。

适应捉鱼
幻龙长有像针一样的牙齿，用以捕捉鱼类。

们的颚上长着较平的磨齿，以便磨碎食物；前面的牙齿则像钉子一样，能够咬住食物。它们依靠又长又扁的尾巴和有蹼的脚在水里游泳，身体像桶一样。楯齿龙生活在2.5亿—2.06亿年前，幻龙生活在2.25亿年前。它们都能长到4米长，不过大部分种类要小一些。幻龙的尾巴用于游泳，腿可能有桨的功能，但这样的脚其实并不适合当桨用。

　　大约8 000万年前生活着沧龙，它像是远洋航行的蜥蜴，用长而有力的尾巴游泳前进。沧龙有长长的头骨，颚上长着许多弯曲的大牙齿。它们或许能够捕捉大型猎物，包括鱼和其他爬行动物。有些化石显示，它的肚子里还有保留下来的菊石和剑石，说明这些才是它们的主要食物。

适应游泳

有一种无齿龙叫作楯齿龙,它们长有扁平的身体,
体表覆盖骨质甲片,但和海龟毫无亲缘关系。

沧龙

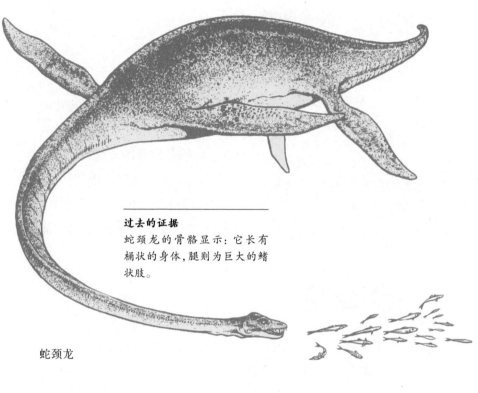

过去的证据
蛇颈龙的骨骼显示：它长有
桶状的身体，腿则为巨大的鳍
状肢。

蛇颈龙

有的时候，菊石壳上的咬痕和沧龙
的牙齿吻合。现在已经没有存活的沧龙
了，不过科学家或许能够发现一些它们
的后裔。有很长一段时间，人们认为沧
龙是现代巨蜥的近亲。可是，一些新的
证据表明，它们或许和现在的蛇有亲缘
关系。

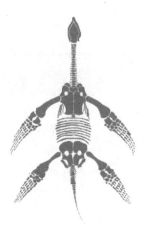

脖子和桨

距今2亿—7 000万年前，蛇颈龙是一种很重要的生物，可如今它们已经灭绝了。但还是有一些乐观的人希望在苏格兰的尼斯湖发现一两只蛇颈龙。

蛇颈龙或许是从幻龙进化而来的，可它们比幻龙更适应于游泳。蛇颈龙的身体又宽又平而尾巴短小，依靠腿提供前进的动力。它们的四肢都进化成了巨大的鳍状肢。这样的鳍状肢相当灵活，能

薄片龙是一种蛇颈龙，能长到12米甚至更长，可是光脖子就占了一半，脖子共由76块椎骨构成。

多年来，人们认为克柔龙是最大的上龙，体长达17米，巨大的头部占身长的四分之一。克柔龙是一种凶猛的肉食动物。2002年发现过一只长龙，其颈骨化石长达20米、重50吨。

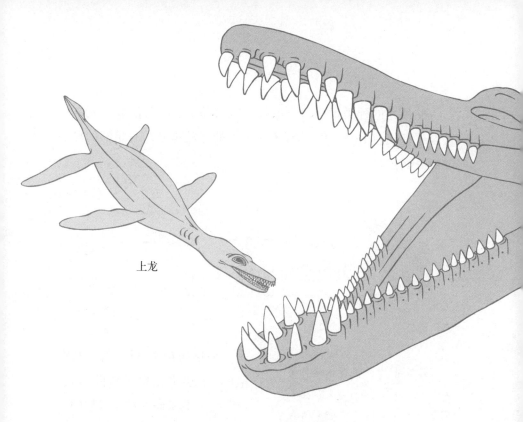

上龙

够推动蛇颈龙前进，使其在水里像飞一样滑行前进。

　　蛇颈龙有两个主要的进化方向。有一些进化出了长长的脖子，还有一些脖子则很短，我们把短脖子的蛇颈龙叫作上龙。

　　长脖子的蛇颈龙相应地长着小脑袋，还长有锋利的牙齿。我们可以想象，这些吃鱼的蛇颈龙猛地把灵活的脖子转向猎物，把它们牢牢抓住。它们也有可能会浮在水面上休息，把头伸进水里东张西望。和其他爬行动物一样，蛇颈龙也呼吸空气，它们需要不时地回到水面呼吸。蛇颈龙十分擅长游泳，它们的鳍更能支撑它们在陆地上缓慢移动，就像现代的海龟一样。人们不知道蛇颈龙是在水中还是在陆地上繁殖，不过极有可能是上岸产卵。

　　上龙脖子很短，身体更具流线型。它们滑动像桨一样的鳍状肢前进，游泳的方式和现代海狮很像。相应地，它们长有大头、有力的牙齿和颚。上龙捕食大型猎物，包括各种鱼类和海洋爬行动物。

蛇颈龙的种类虽少,但既有不超过2米长的,也有4米多长的,甚至还有超过12米的巨型怪兽。上古的海洋里必须有足够的食物才能喂饱它们。

类鱼爬行动物

海洋中的最强游泳健将是鱼龙。鱼龙是爬行动物,既不是鱼也不是海豚。它们生活在2.5亿—9000万年前。

像海豚一样生活
在中生代的海洋里,鱼龙捕食鱼和菊石。它们像鱼而非哺乳动物,却同海豚一样群居生活。

最早的鱼龙身体很长,长有尾巴,很快进化出了鱼的形状。巨大的头平滑地连在流线型的身体上,长有四个鳍状肢,后肢小一

鱼龙都长着大眼睛。大眼鱼龙的眼睛相对于身体，比例是动物中最大的。当它们潜入深海时，大眼睛可以很好地为它们聚集光线。

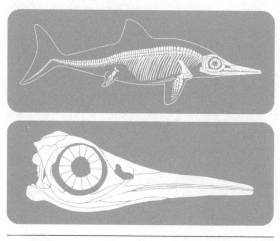

化石证据
鱼龙的特征：下弯的尾骨和巨大的支撑眼睛的骨头。

些。鳍的根部宽阔，能够灵活地控制方向，但无法给鱼龙提供推动力。鳍内部的骨头和人四指的骨骼很像，只是要短一些。每一组指骨中圆骨的数目都增加了，而且指骨不是标准的五组，有些种类多，有些种类少。

鱼龙扭动身体从而摆动尾巴，借推动水的力量前进。有些化石不仅能够明确骨骼特征，还能显示身体的外部轮廓，所以我们才能知道鱼龙的巨大尾巴是什么形状。鱼龙的脊椎骨向下弯，直到叶状

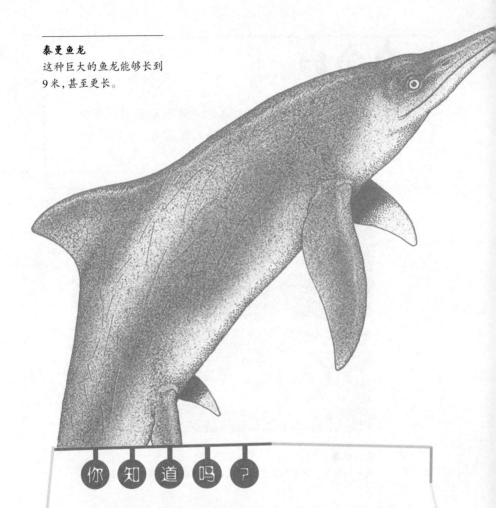

泰曼鱼龙
这种巨大的鱼龙能够长到
9米，甚至更长。

你 知 道 吗 ？

　　你知道鱼龙是怎样繁育后代的吗？和大多数爬行动物不一样，鱼龙无法在陆地上行走，也无法在陆地上产卵，鱼龙宝宝是在妈妈肚子里孕育的。在一些化石中，能够看到妈妈肚子里的鱼龙宝宝，还有正在分娩的鱼龙妈妈形成的化石。鱼龙宝宝从妈妈肚子里诞生的时候，尾巴先出来，就和如今的海豚一样。

尾巴的下端。鱼龙还长有巨大的背鳍以稳定身体。

　　大部分鱼龙长着长颚，里面布满尖利的牙齿，捕食鱼和菊石之类的动物。它们的眼睛很大，因此我们推测鱼龙是靠敏锐的视觉捕食的。每只眼睛都有坚固的圆形头骨以作支撑，游泳的时候头骨才能够保持眼睛的形状。鼻孔从头顶的眼睛附近一直伸到嘴前方。和所有爬行动物一样，它们也呼吸空气，必须不时地回到水面上。不过，和其他爬行动物不同的是，鱼龙的单耳骨连着中耳的鼓膜，这块骨头很大。声音在水里能够快速地传播，对鱼龙捕食很重要，这点和鲸很像。

　　鱼龙十分适应海洋生活，身体也比蛇颈龙更具流线型，可令人惊异的是它们居然早于蛇颈龙灭绝，谁也不知道原因。

划桨两亿年

　　海龟和陆龟的外壳都由角质盾片构成。在龟壳下是相互连接的多骨盾片，它们还连接着脊椎骨和肋骨，整体形成了一个坚固的盒子。尽管这样的结构有一定的缺点，却能够很好地保护海龟，所以2亿年来这种壳的结构几乎没有发生变化。

　　已知最早的海龟化石已有2亿年历史。它长有壳和角质喙，和现在的陆龟、海龟十分相似，只是颚上长有一些牙齿，之后的海龟就没有牙齿了。这些最初的海龟无法把头缩进壳里去。

最早的龟生活在淡水沼泽里。后来,其中一些进化成了陆龟,还有一些则适应了海洋生活,成为完全的水生动物。然而,大部分陆龟同淡水龟、海龟一样,仍然生活在水里或者水边。典型的海龟,

濒危种类

绿海龟如今濒危。为了获取成年绿海龟的肉和壳,人类过度捕杀它们,还从绿海龟的窝里夺走它们的蛋。

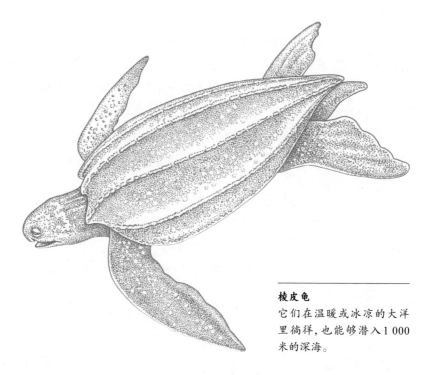

棱皮龟
它们在温暖或冰凉的大洋里徜徉,也能够潜入1 000米的深海。

脚有蹼,壳扁平,适应于游泳,不过游得不是特别快。它们以游动缓慢的小动物为食,比如蠕虫和昆虫幼虫,还有一些则以植物为食。

所有海龟都呼吸空气,可由于海龟是冷血动物,不活动的时候只需要消耗很少的能量,因此它们能在水下停留数分钟甚至几个小时。

海龟一生中的大部分时间都在海里。海龟壳里长着一系列代替骨头的支架,这样能减轻壳的重量,不过外部的角质盾片还是保留了下来。现存最大的

壳的内部结构

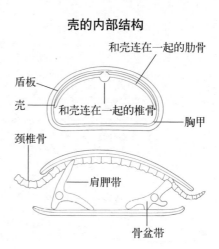

和壳连在一起的肋骨

盾板

壳

和壳连在一起的椎骨

胸甲

颈椎骨

肩胛带

骨盆带

79

海龟叫作棱皮龟，重可达680千克。有的时候，海龟的游速能达到每小时30千米，但在一般情况下，它们都游得很慢。海龟划动长长的鳍状前肢就能在水里前进，后肢则作为舵来控制方向。大部分海龟以小动物为食，成年的绿海龟只吃海岸附近的海草。

海龟的蛋有着典型爬行动物的蛋壳，这样的蛋必须产在陆地上。因此，淡水龟会把蛋产在河床的泥土里，而雌海龟必须离开海洋，在沙子里挖洞筑窝。

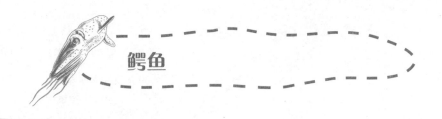

鳄鱼

鳄鱼是现存最大的爬行动物种类，包括美洲短吻鳄和食鱼鳄等，种群在恐龙时代十分繁盛。在过去的6 500万年，它们的身体构造几乎没有改变。

多数鳄类一生都生活在水里或者水边，因为只有这里才能彰显它们的适应性。它们长

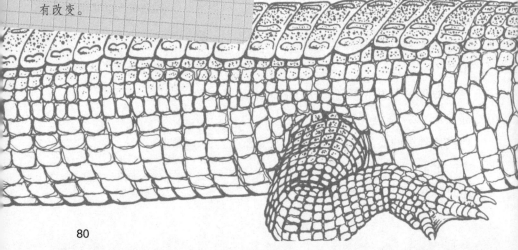

长的尾巴十分有力，两侧扁平，尾巴还能够提供前进的推动力。鳄鱼游动的时候，腿蜷缩在身体两侧。它们的眼睛长在头顶，鼻孔长在长嘴尖端凸起的部分。鳄鱼浸没在水中时，只把鼻子和眼睛露出水面，这样不仅能够呼吸空气，还能让它们一直密切注意在水上的猎物。

恐鳄

下图是现代鳄鱼（左图）和恐鳄的对比图。恐鳄能长到10米长，头骨就有大约2米长。

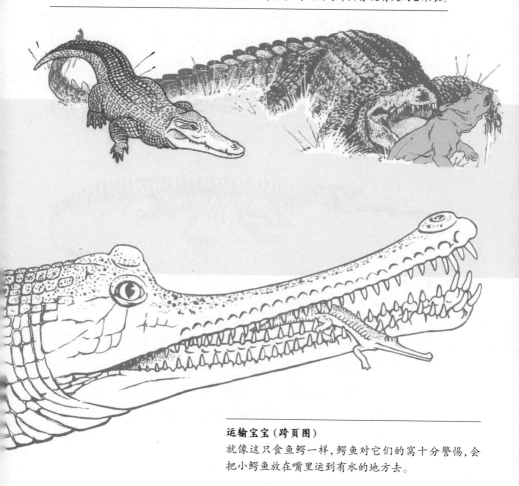

运输宝宝（跨页图）

就像这只食鱼鳄一样，鳄鱼对它们的窝十分警惕，会把小鳄鱼放在嘴里运到有水的地方去。

5亿年前，海里就出现了鳄鱼，但它们和现代的鳄鱼关系不大。地栖鳄和现在的鳄鱼也不同，没有骨质装甲，却有像鱼一样的尾鳍和桨一样的鳍状肢。某种程度上，它比现代鳄类更适应游泳。植龙才是鳄鱼的"亲戚"，生活在大约2亿年前。它和鳄鱼外形相似，习性也很相近，不过它只是鳄鱼的远亲，并不是鳄鱼的直接祖先。长长颚上的许多锋利牙齿，暗示它们很可能是吃鱼的。有趣的是，植龙的鼻孔长在头的正上方，在眼睛附近。

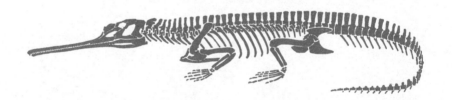

植龙的骨架
这张图画的并不是鳄鱼，而是植龙。2亿年前，地球上生活着很多植龙。

鳄鱼是不同寻常的爬行动物。从长嘴的尖端到后部长着骨质上颚，把口腔和鼻子隔了开来，还长有一块扁平的皮肤能够隔离嘴的后部。鳄鱼在水下捕食的时候，能够张开嘴，用嘴呼吸。这一特征只有现代鳄鱼才进化得到，而现代鳄鱼从6 500万年前才开始出现。

鳄类长着又长又窄的嘴，比如食鱼鳄，它们是专门吃鱼的动物。那些扁长嘴的鳄类就只好吃一些它们能制服的猎物。现存的鳄鱼大约有22种，它们的大小从1.2米到6米不等。咸水鳄鱼通常长得更大，它们生活在印度和澳大利亚之间的海岸和河口，有时也会到远海去。

婉蜒的大毒蛇

海蛇和眼镜蛇有亲缘关系，它们也有致命的毒液，能够作用于猎物的神经系统。有一些海蛇的毒液是蛇中最可怕的。海蛇必须迅速制服猎物，才能防止它们逃到广阔的大海里去。大部分海蛇的牙齿很短，它们捕食小动物，比如鱼和无脊椎动物。有一些则专吃鳗鱼，因为它们的身体形状非常适合吞咽。不过，海蛇很少袭击人类。

尽管大部分蛇生活在陆地上，可还是有近60种蛇适应了海洋生活。

条纹海蛇
这种海蛇生活在海滨，但在陆地上产卵。

海蛇多出现在东南亚沿海和西太平洋中,在东太平洋和印度洋之间还发现过一种海蛇,它们的身体是黑黄相间的。大部分海蛇生活在海边,黑黄相间的海蛇则会在远海出没。

海蛇长有扁平的尾巴,能够推动水而前进,十分适合游泳。它们还长有巨大的肺,分布在几乎整个身体里。这样的肺能够给身体提供浮力,让游泳变得更容易,因为里面装满了足够的空气。海蛇最多能够在水下待两个小时。

海蛇的长嘴顶端长有鼻孔,鼻孔里长有可以使鼻孔闭起来的瓣膜,不让水流进去。陆蛇的腹部一般都长有巨大的鳞片,能够抓住地面;而只有一些需要在海岸产卵的海蛇,才会在腹部长有大鳞片。大部分其他海蛇只有很小的腹鳞,它们也从不到陆地上去。这样的海蛇不产卵,每次也能生6条小海蛇。

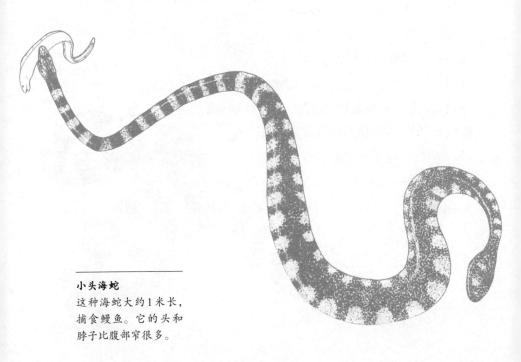

小头海蛇
这种海蛇大约1米长,
捕食鳗鱼。它的头和
脖子比腹部窄很多。

　　尽管只有大约2%的现代蛇生活在海里,有些科学家还是认为,蛇是从海洋进化出现的。一种叫作厚针龙的动物的化石,它生活在1亿年前的浅海里。尽管它长有小小的后肢,可骨骼和蛇很像,还长有能张得很大的颚。这些都能够说明,蛇在最初可能生活在海里。还有一个例子可以说明蛇从海洋发源,那就是和它们相似的物种海鬣蜥是由蛇颈龙进化而来。但这也并不意味现存的海蛇很古老。现代海蛇属于蛇类一个繁盛的家族,它们的祖先也曾在陆地上生活过一段时间。

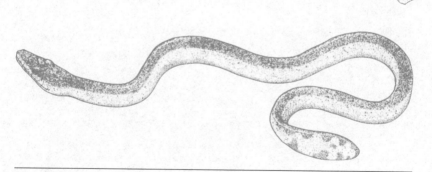

黑黄相间的海蛇
这种海蛇一辈子生活在海洋里,靠偷袭捕食鱼类,很少主动追击。

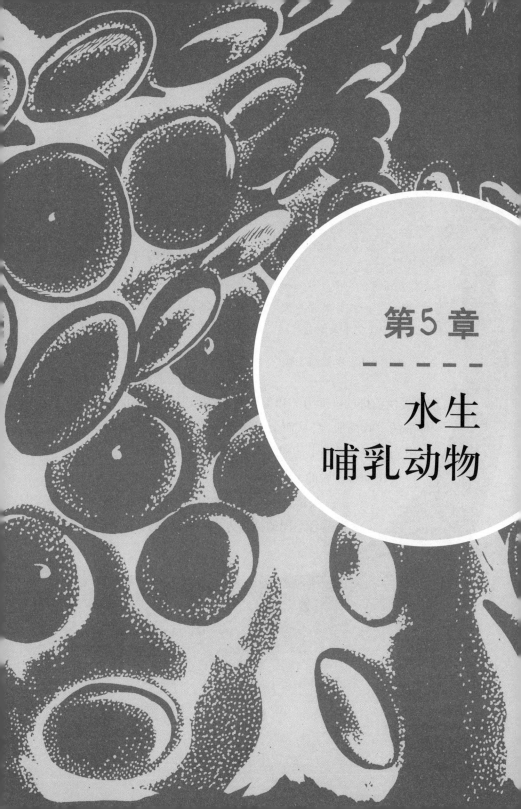

第5章

水生
哺乳动物

鲸的进化

哺乳动物适应于在陆地上生活，可也有一些种类适应水生生活，其中最有名的就是鲸。

有些鲸尽管体积很大，可仍然保持流线型的身体。鲸的脖子很短，头平滑地连接于身体。前肢进化成鳍状，游泳的时候，可以支撑前部的身体。后肢退化，不过身体里还残留有髋骨。鲸的尾巴上还长有由巨大软骨构成的尾鳍，能够提供前进的推动力。和鱼类垂直的尾巴不同，鲸的尾鳍是水平伸展的。收缩肌肉，从而上下摆动身体，就可以摆动尾鳍。鲸的祖先很明显是陆上的哺乳动物，有一些哺乳动物奔跑时也是不断扭动身体后部，比如豹类。

鲸长有巨大的头和颚。不同种类的鲸，它们的颚适合不同的捕食方式。鲸的鼻孔通向头顶，形成

龙王鲸
这种早期的鲸有长长的身体和锯齿状的牙齿，用来捕捉鱼类。

许多鲸呼吸时像爆炸一样。它们每次呼吸，肺里90%的空气都能交换一次，比陆地哺乳动物的呼吸效率高得多。

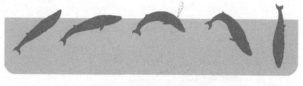

呼吸孔，一般情况下是闭合的，只有呼吸的时候才张开。哺乳动物特有的耳鼓膜也退化了，鲸的耳洞很小，可是耳内构造却很

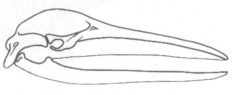

长须鲸的头骨

发达，听觉是鲸非常重要的感觉。哺乳动物还有一个特征就是满身的皮毛，鲸同样没有，只有少数一些鲸长着少量的刚毛，可能还具有

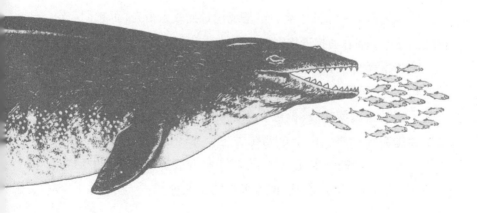

早期鲸类

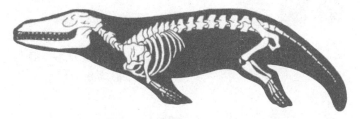

游走鲸

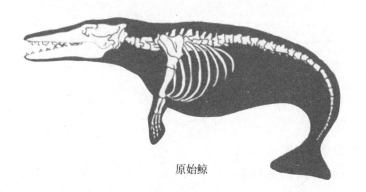

原始鲸

感觉功能。鲸裸露的皮肤能够帮助水流平滑地流过身体。鲸的皮肤下有一层厚厚的脂肪，叫作鲸脂，在水里起隔温作用。

　　远古化石中的鲸虽然不一定是现代鲸的直系祖先，可它们一定程度上显示了哺乳动物进化到现代鲸的过程。

　　鲸和牛都是从偶蹄哺乳动物进化而来的。和现在的有蹄类哺乳动物不同，早期鲸很可能是食肉动物。游走鲸是一种早期鲸，长有桨一样的巨大鳍状肢，能够在陆地上行动。原始鲸大约3米长，是出色的游泳健将。由于早期鲸类主要靠尾巴提供前进的动力，它们的鳍状后肢渐渐退化消失了，鲸于是变成了完全的水生动物。有一些鲸能长到非常大，比如18米长的龙王鲸。

巨大的食肉动物

最大的有齿鲸是抹香鲸。雄性抹香鲸一般15米长，最大能长到20米，雌性要小一些。抹香鲸重达36吨，有的甚至更重。刚出生的小抹香鲸也有4米长，重可达1吨。

全世界76种鲸里，有66种长有牙齿。许多鲸并不是很大，比如海豚或者鼠海豚，可有齿鲸中也包括地球上最大的食肉动物。

典型的有齿鲸颚上长有一排相似的牙齿，适合捕捉鱼类或乌贼。和成年人类一样，每颗牙齿都会伴随抹香鲸一生。长着长喙的海豚，一生共有260颗牙齿。有齿鲸中的另一个极端是独角鲸，它只有一颗牙齿，突出于皮肤，就像獠牙一样。和其他任何一种哺乳动物都不一样，有齿鲸都只有一个鼻孔，鼻腔在通到头外部之前就连在了一起。有齿鲸的颚很长，大部分头骨都不对称，头骨前方长有额隆，海豚和一些其他的鲸都长有

额隆

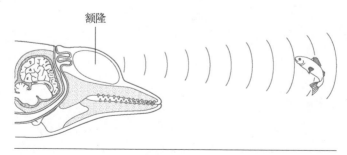

回声聚集
海豚前额的额隆能够聚集回声，以回声判断物体的位置。

这样圆圆的额头。额隆里包含一个柔软的像透镜一样的器官，鼻子向前方发出声波，额隆再把回声收集起来。

声波遇到前方的障碍物会反射回来，回声穿过下颚充满油脂的骨间空穴到达耳朵。回声定位让一些动物能够不用耳朵听，就可以在水里航行并且发现周围的情况。这种功能在海洋生活中十分有用，而对于亚河豚来说，这种功能更是生死攸关的。亚河豚生活在世界上一些大型河流的泥水里，它们完全看不见东西。

抹香鲸以鱼和乌贼为食，能够潜到2 000米深的水里捕食。有时它们也捕捉大王乌贼，可是大多时候只吃1米长的乌贼。一头抹香鲸能够潜水达一个小时之久，当它回到水面上时，就会深呼吸三十多次以补充空气。鲸的肺不大，可是它们能够把氧气储存在肌肉里，鲸的肌肉里有许多叫作肌细胞色素的色素细胞，可以延长鲸的空气供给。小一些的鲸和海豚无法潜水这么久，不过每次在水下也能停留数分钟。

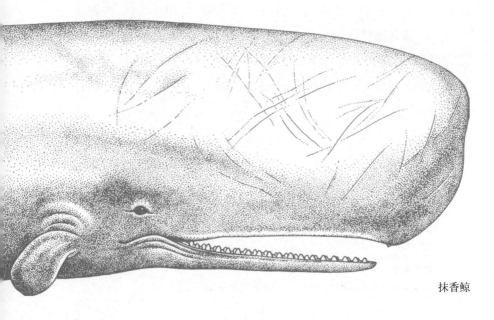

抹香鲸

因为鲸的体积很大，所以很难在野生环境中研究它们。突吻鲸一共有18种，从5米长到10米长的都有。它们生活在深海里，许多还没有被发现。只有很偶然的机会下，科学家们能够发现一些鲸，并将其命名归类。

加湾鼠海豚

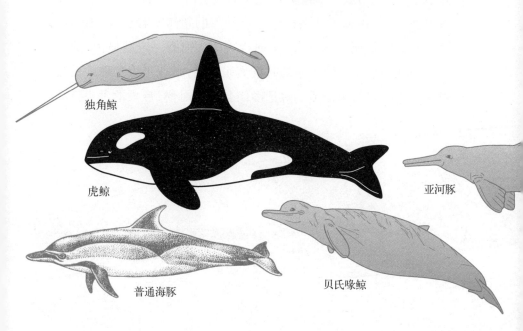

独角鲸

虎鲸

普通海豚

亚河豚

贝氏喙鲸

滤食动物

地球上最大的鲸仅简单地靠一些很小的食物为生。

蓝鲸是地球上出现过的所有动物中最大的一种，它们靠小动物为食，比如磷虾。蓝鲸靠嘴里的鲸须来过滤海水获得食物，鲸须也叫作"鲸骨"。不过鲸须并不是真的骨头，而是像头发一样的角蛋白。鲸须从嘴边的颚和齿根长出来，占据了牙齿的位置。幼年的须鲸长有牙齿，成年后就没有了。鲸须外部光滑，面向舌头的一面有一定磨损，变成一排丝线状的东西。鲸游泳的时候大张着嘴，成千上万的磷虾就被困在丝线一样的鲸须里。鲸把嘴闭起来的时候，巨大的舌头就会

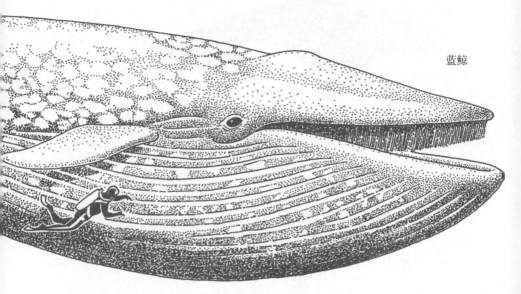

蓝鲸

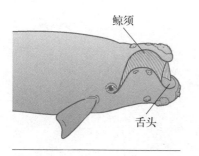

鲸须

舌头

捕捉猎物
鲸须从鲸的上颚垂下来，形成一个
巨大的筛诱捕磷虾。

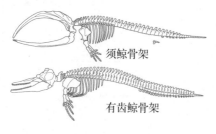

须鲸骨架

有齿鲸骨架

须鲸统计数据	
黑露脊鲸	18米/80吨
弓头鲸	20米/110吨
侏露脊鲸	6.4米/4.5吨
灰鲸	15.3米/34吨
长须鲸	26.8米/110吨
蓝鲸	33米/181吨
小鳁鲸	10米/9吨
塞鲸	20米/29吨
布氏鲸	14.3米/20吨
座头鲸	18米/30吨

把食物刮下来，吞进肚子里。蓝鲸的舌头就重达4吨。在鲸的一
生中，鲸须始终在生长，这样就可以弥补损耗掉的鲸须。

　　长有鲸须的鲸一共有十种，它们可能是从有齿鲸进化来的。
最早具有须鲸特征的鲸鱼还长有牙缝很宽的牙齿。

　　相对于身体来说，须鲸长有巨大的头和嘴，弓头鲸的头甚至占
到身体总长的40%。不同种类的鲸，鲸须也不一样长。黑露脊鲸和
弓头鲸长有高高的弓状上颚，这样才能容纳它们长长的鲸须，下颚
的鲸须一般很短。它们不需要去咬一些很硬的东西，上下鲸须只是
松松地搭在一起。不同长度的鲸须，意味着不同数目的鲸须板，鲸
须边缘的纤细度也不同，这样就能捕食不同种类的食物。

　　一些须鲸主要以磷虾为食，还有一些吃小的桡足动物，也有一
些吃大型鱼类。

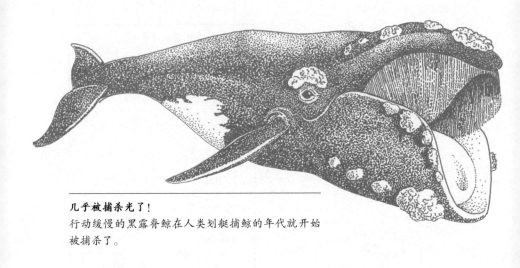

几乎被捕杀光了！

行动缓慢的黑露脊鲸在人类划艇捕鲸的年代就开始
被捕杀了。

兼职游泳者

现今的有蹄类哺乳动物包括以下两个目：如鹿、长颈鹿、羚羊等偶蹄目动物，如马、犀牛等奇蹄目动物。

有蹄类哺乳动物本质上可以说是天生的奔跑动物，但最重的偶蹄目动物河马，大部分时间却生活在水里。河马重达3吨，腿很短，在陆地上时行动一点都不优雅。可是在水里的时候，水的浮力能够支撑河马的一部分体重，使它们能灵活地移动，能自如地在水底跑跳或者游泳。

河马一天中的大多数时间都待在水里，夜里才到陆地上吃草。

和其他哺乳动物一样，河马的皮肤裸露在外，皮下有一层脂肪，能够隔离水。河马的眼睛突出、长在头顶，长长的嘴也凸起，长有鼻孔，耳郭很小。河马潜水的时候，耳朵和鼻孔都能闭合。它们还能只把眼睛和鼻孔露出水面休息。

在12万年前的冰河时代，有一段温暖的间冰期，那时河马生活在不列颠岛上。再之前，一些更古老的河马种类生活在非洲。如今，河马的生活范围局限在非洲，小一些的、不那么依赖水的倭河马只能在西非的森林里看到。

河马的足骨

河马是偶蹄目哺乳动物，长有四个脚趾，中间的两个脚趾占了脚的大部分重量。

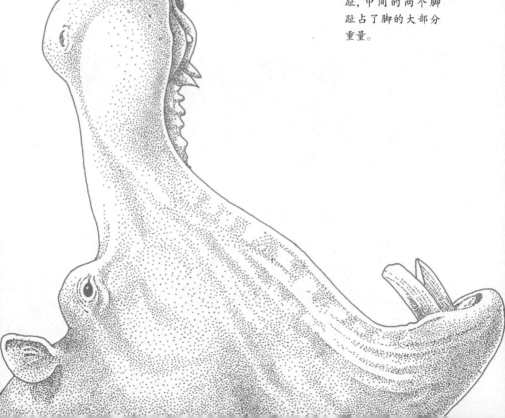

知 识 窗

　　2 000万年前的地球上还生活有一种奇怪的两栖哺乳动物。爪龙生活在太平洋边缘，看起来十分笨拙，长着蜷缩、结实的鳍状肢，还长有向前的獠牙。我们只能推测它们的生活习性。它们有可能是肉食性动物，也有可能是植食性动物，不过是植食性动物的可能性还是更大。它们古怪的白齿是柱形的，像大象和海象一样，终身都向前长，牙齿可能是爪龙生活中最密切的助手。这种动物已经完全灭绝了。现存的哺乳动物也没有和它们相似的。

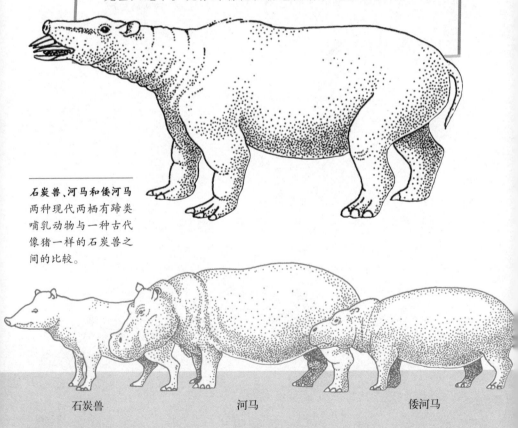

石炭兽、河马和倭河马
两种现代两栖有蹄类哺乳动物与一种古代像猪一样的石炭兽之间的比较。

石炭兽　　　　　　　　河马　　　　　　　　倭河马

没有化石证据能够确定河马的直系祖先，但还是有一些科学家会把河马和石炭兽联系在一起。有一种哺乳动物叫作石炭兽，它也属于偶蹄目，在 2 000 万年前，石炭兽的种群十分繁盛。发现石炭兽化石的地层年代显示，石炭兽也是一种两栖动物。它们可能和河马的祖先有亲缘关系。

在海里放牧

从 6 000 万年前开始可考的所有海牛里，斯特拉大海牛是体型最大的。随后，海牛的后肢逐渐退化，头和颚则进化出了专门的功能。它们的嘴唇可以动，内外都长有刚毛，能够把植物送入嘴里，接着食物就被角质板（儒艮长有角质板）或者牙齿（海牛长有牙齿）嚼碎了。

儒艮和海牛之间最大的不同就是海牛长有圆形的尾巴，而儒艮的尾巴形状和鲸很像。

两种动物的腹部都长着有力的肌肉，能够帮助它们游泳。前肢

和别的海洋哺乳动物不同，儒艮和海牛是植食性动物，这也是海牛命名的由来。最大的个体长达 4.6 米、重达 1.6 吨。多数海牛移动十分缓慢，生活在热带和亚热带附近的海岸，以吃海岸上的水草为生。它们身体新陈代谢的速度比人类的 1/4 还要慢，虽然皮下和器官周围都长有脂肪，可是在 20℃ 以下的水里，体内的热量很快就会散失，因此它们不能生活在冰凉的海水里。

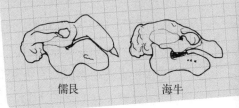

儒艮　　　　　海牛

多重任务
儒艮在海床上吃草的时候，还能用鳍状肢在海床上"走路"。

唯一生活在寒冷海水里的海牛是斯特拉大海牛。1741年，一支遭遇海难的俄罗斯探险队意外发现了这种海牛。它们生活在两座亚北极海岛的海岸边，数量只有几千只。斯特拉大海牛身体巨大，大约8米长，重将近6吨，以海藻为食。由于好吃，斯特拉大海牛也很容易被捕捉，在1768年就灭绝了。从日本到美国加利福尼亚州，都发现了10万年前各种各样的斯特拉大海牛化石。

如桨一般能够控制方向，也能把食物送到嘴里。它们眼睛小，视力也差。儒艮和海牛都没有耳郭，外耳洞很小，不过海牛的听力不错。虽然海牛的大脑有很大一部分分管嗅觉，可是海牛的鼻孔总是闭起来的，不能确定它们对嗅觉的利用究竟有多少。和很多哺乳动物相比，海牛的大脑十分简单。它们的肠子很长，相当适合消化植物。大部分哺乳动物都长有七块颈椎骨，海牛却只有六块。儒艮生活在西非到澳大利亚之间大陆沿海的海水里，也有一些生活在太平洋西

海牛
和大象一样，海牛在旧的臼齿脱落
后，颚上会长出新的臼齿。

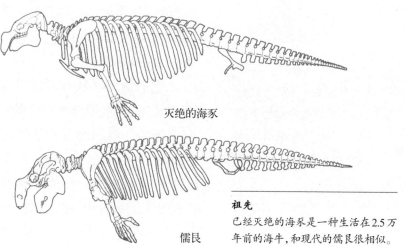

灭绝的海豕

儒艮

祖先
已经灭绝的海豕是一种生活在2.5万
年前的海牛，和现代的儒艮很相似。

南部。现在,儒艮的数量大幅减少,主要原因是人们为了得到它的肉、油脂和皮毛而大量捕杀它们。

　　海牛一共有三个种:非洲海牛生活在西非的海岸边;美洲海牛生活在从美国佛罗里达和加利福尼亚到巴西之间的地区,美洲海牛是现今最大的海牛;亚马孙海牛生活在亚马孙河流域。这三种海牛都遭遇了过度捕杀。不过,在一些地区,它们已经被有效地保护起来。

海豹和海狮

　　海豹、海狮和海象都是鳍足动物,适应水生生活,也都是食肉哺乳动物。尽管如此,它们并没有完全脱离陆地,它们还是需要回到陆地上交配并繁育后代。

　　海豹、海狮和海象都有着流线型的身体,皮下有一层脂肪,使其轮廓看起来十分光滑,而且能起到很好的隔热作用。它们多数生活在寒冷的海水里,还有一些幸福地生活在南北极的冰川里。

　　它们的鳍状肢都可以当作桨来使用,但海豹和海狮的划桨方式不同。海豹的后肢始终朝后,像一对鱼的尾巴一样,左右摆动提供前进的推动力。鳍状前肢既不用于控制方向,也不仅仅紧贴在身体两侧。对于海狮和海象

南象海豹长可达6米，重可达3.7吨。早几个世纪，人们还没有为了获得油脂而捕杀它们的时候，有的象海豹能长到9米长、5吨重。

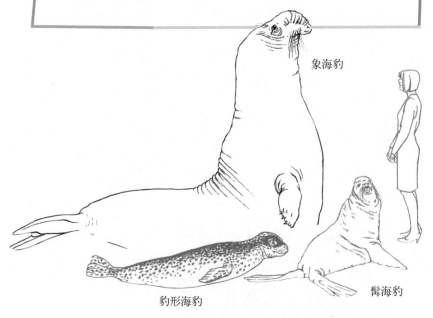

象海豹

豹形海豹

髯海豹

来说，鳍状前肢更大，能够在水里划水前进，鳍状后肢可作方向舵使用，甚至可以转到身体下方，用以走路。

鳍足动物从陆地食肉动物进化而来，它们和熊有共同的祖先。它们进化的最初阶段没有化石记录可以考证，不过有最近新发现的2 500万年前的化石展现了远古鳍足动物的一些特征。还有一些化石告诉我们，海豹已经在地球上生活了数百万年。日本海狮是一种古老的海狮，也是已知最早的鳍足动物之一，生活在2 500万年前。

鳍足动物以鱼类、乌贼和其他无脊椎动物为食。多数种类不挑

知 识 窗

　　食蟹海豹是世界上最常见的海豹,也是世界上数量最多的鳍足动物。据估计,世界上大约有4 000万只食蟹海豹。由于人类捕杀和磷虾数量的减少,鲸的数量已经减少很多,但食蟹海豹的数量有所上升。

食蟹海豹

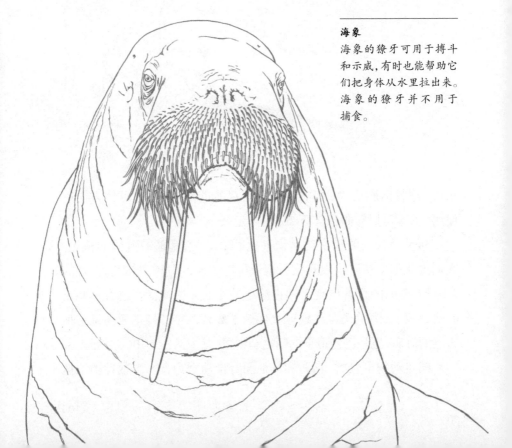

海象

海象的獠牙可用于搏斗和示威,有时也能帮助它们把身体从水里拉出来。海象的獠牙并不用于捕食。

食，可也有一些例外，比如食蟹海豹就有自己特别喜欢吃的乌贼。唯一吃温血动物的海豹是豹形海豹。豹形海豹大约3.4米长，食谱包括企鹅和食蟹海豹。海象会潜入水底捕食无脊椎动物，如果是柔软的动物，它们就会整个吞下去；如果是带有壳的动物，海象就会把壳里面的肉吸出来。

在潜水之前，鳍足动物会先使劲呼吸，有一些能够在水下待一个小时之久。在水下的时候，它们的心率很慢，鼻孔也会闭起来。它们耳洞很小，不过听觉还是很好。

会游泳的黄鼠狼

水獭拥有光滑的、流线型的长条状身体，可是和其他水生哺乳动物不一样，水獭没有厚厚的脂肪，而长有密集的被毛以隔离水和空气。水獭嘴巴上的毛进化成了又长又硬的胡须，这些胡须能够帮助水獭寻找食物。在可见度很低的水里，胡须还能用来探路。对其他水生动物来说，比如海豹，这种感觉器官也十分重要。

水獭和鼬、獾同属于鼬科，却生活在水里或者水周围，过着两栖动物的生活，不过它们各有各的特点。水獭的脚都长有蹼，有些种类的蹼能张得很大，有些不能。它们的尾巴扁平，长在身体下面，也有一些种类的尾巴长在身体上方。

水獭共有14个亚种，它们生活在南极洲和澳大利亚以外其他所

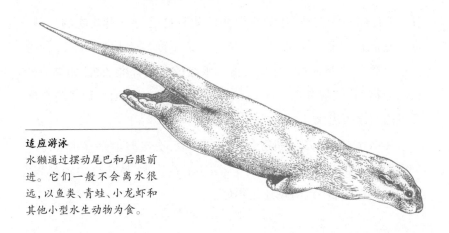

适应游泳

水獭通过摆动尾巴和后腿前进。它们一般不会离水很远，以鱼类、青蛙、小龙虾和其他小型水生动物为食。

有大陆的河流、湖泊和小溪里，还有一些生活在海岸附近的海水中。大部分水獭都很灵活，游泳相当不错。虽然水獭能在陆地上跑得非常快，但是它们始终待在离水很近的地方。水獭吃鱼、小龙虾和青蛙，不过大部分种类的水獭都是什么容易抓到就吃什么。大部分水獭用嘴抓鱼，必要的时候就用尖利的牙齿撕咬猎物，不过非洲小爪水獭和亚洲小爪水獭会用前爪抓食物。它们还会搜寻岩石的缝隙寻找食物，尤其是小爪水獭，十分擅长以此捕捉猎物。

　　亚洲小爪水獭是世界上最小的水獭种类，加上尾巴后全长也只有90厘米，比家猫还要小。最大的水獭是南美大水獭，全长1.8

时尚的牺牲品

水獭常小群生活在水流缓慢的河流或沼泽里。人类为了得到水獭的皮毛而大量捕杀这种动物，现在其种群数量大幅度减少。

海獭披有2.5厘米厚的"外套"，其上长有长长的用以保护的毛。海獭长着所有哺乳动物中最细密的被毛，每平方米大约10万根，这样就能有效隔离空气。油脂让海獭的皮毛十分光滑，不过这也给它们惹来了杀身之祸。

米，重30千克。海獭是另一种大型水獭，长着矮矮胖胖的身体，全长只有1.5米，可是重达45千克。它们生活在美国加利福尼亚州以北的沿海水域里。海獭会潜到海里去寻找海胆、螃蟹、蛤之类的食物。它们还是为数不多的懂得使用工具的动物。海獭会仰面躺在水面上，把一块石头放在胸部，然后用石头敲打猎物的硬壳，直到猎物的壳裂开，海獭就能把里面柔软新鲜的肉吃掉。

迷你生物群

最古老的哺乳动物是卵生单孔动物，其中包括两种长硬刺的食蚁动物，不过它们都生活在陆地上。水生单孔目动物则有鸭嘴

一些哺乳动物，比如鲸和海豹，进化成了完全的水生生物，还有一些则进化成了适应水生生活的哺乳动物。

兽，鸭嘴兽高度适应水生生活。它们的脚长有发达的蹼，游动主要靠前肢。鸭嘴兽的尾巴扁平，呈水平状。年幼的鸭嘴兽长有数量很少的牙齿，不过成年后就没有了，只留下角质板，用以压碎食物。鸭嘴兽的嘴巴上长有敏感的皮肤，能够帮助它寻找食物，比如小龙虾、小虾、小鱼、蠕虫和昆虫幼虫等。它们嘴上还长有带电的器官，能探测到猎物。鸭嘴兽的被毛十分浓密，里面存有空气，在水里的时候，像隔离

知 识 窗

鸭嘴兽全长60厘米，重2千克。鸭嘴兽会挖一个狭长的大约18米长的洞，然后挤进洞里，避免被毛沾到水。雄性鸭嘴兽每只脚的踝部都有巨大的角质小钩，与毒腺相连。雌性鸭嘴兽会把湿水草卷在尾巴下，带回洞里筑巢。鸭嘴兽每次产两枚卵，彼此相连。小鸭嘴兽吃妈妈的乳汁直到四个月大。

幸存者

许多远古的卵生哺乳动物都灭绝了，而鸭嘴兽却幸存下来，那是因为它们十分适应在水里游泳和觅食。

层一样保护身体。不过这种生物还是相对低等的生物，更适应自己的生活方式。鸭嘴兽已经出现很长时间，它的化石能追溯到数百万年前。在南非一处有 6 000 万年历史的岩层里发现过一块化石，科学家都认为那是鸭嘴兽身体的一部分。现在，单孔目动物只生活在澳大利亚。

蹼足负鼠
这种水生有袋动物，会在河床上挖掘自己的洞穴，夜里出来捕食，有时也会到陆地上去。

水鼠
这种水鼠出没在西欧的水域附近。

比利牛斯山脉的麝鼠
在高速流动的河流里，这种小型食虫动物能依靠脚自由游泳，它的脚上长着浓密的毛，而且长有蹼。

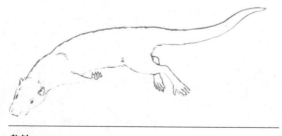

獭鼩
獭鼩生活在非洲的小河里。

有袋哺乳动物中，只有一种生活在水里，就是蹼足负鼠，也称水负鼠。它生活在非洲中南部的热带淡水河流和湖泊里，捕食小猎物。蹼足负鼠的后脚长有蹼，可划水前进。其浓密的被毛能防水，嘴巴上的胡须很长。蹼足负鼠的尾巴也又细又长，可以抓握，可并不适合游泳。它们有时生活在陆地上。蹼足负鼠的育儿袋长在背上，强有力的肌肉能把育儿袋收缩合紧。妈妈游泳的时候，五只小宝宝就能躲在密闭的育儿袋里。

胎生哺乳动物大都生活在陆地上，不过啮齿动物和食虫动物中有一些是生活在水里的。半水生的食虫动物包括：欧洲水鼠，脚边长有少量毛发可以帮助它游泳；俄罗斯和比利牛斯山脉的麝鼠，脚长有蹼，被毛浓密；还有较大型的獭鼩，看起来像小一点的水獭，有力的尾巴能给它提供在水里的推动力。水生的啮齿动物包括：海狸，脚长有蹼，尾巴扁平，被毛浓密；水鼠，除了脚边长着毛，水鼠其实并没有多少水生特征。

改造生活环境
海狸有砍倒小树建设河坝的习性，因此一群海狸就能够改造环境。

第6章
- - - - -
水　鸟

远古水鸟

在陆地上，动物的尸体通常来不及变成化石，就已经被食肉动物、食腐动物以及各种各样的天气状况等破坏了，或者直接腐烂分解。然而，在平静的池塘、湖泊甚至大海里，尸体可能会沉入水底的泥土中。水下的泥土缺乏氧气，也没有食肉动物，腐烂过程很

现在发现的许多鸟类化石都是水鸟的化石。这并不奇怪，因为一些类型的水环境为死去动物的尸体变成化石创造了条件。水环境比陆地环境更易造就小型动物的化石。

"第一只鸟"
始祖鸟的骨骼和羽毛都被水和泥土保存了下来。

硬骨鸟

这种鸟生活在五百多万年前，翼展达5米，和鹈鹕有亲缘关系，它们在太平洋上空飞来飞去。

缓慢。如此经过种种变化，就有可能成为化石。被称为"第一只鸟"的始祖鸟，可能就是这样变成化石的。虽然始祖鸟不是水鸟，可是1.5亿年前，始祖鸟在死后落入泥泞的潟湖里，保存下了骨骼和羽毛，甚至连躯体的细节也保留了下来。它长有牙齿和长长的有骨头的尾巴，有可能是个笨拙的飞行家。

后来的鸟类就不再有牙齿了——牙齿变成了角质喙，它们的尾巴也不再长有骨头。这些变化都有助于鸟类减轻身体重量，使它们更适于飞

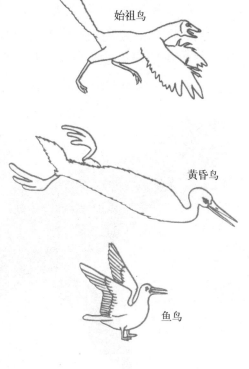

始祖鸟

黄昏鸟

鱼鸟

黄昏鸟长着巨大的脚，三趾朝前，中间一趾相对较短，靠外的脚趾很长。这些特征和同时期的水鸟不同，其他水鸟都长有对称的脚趾。这样的脚却很适合游泳，不过，我们很怀疑黄昏鸟是否能够站立。

黄昏鸟

行。再是胸骨的增大，可以让它们进化出更大块的用于飞行的肌肉。到了8 500万年前，毫无疑问出现了各种各样的鸟类，不过其中最著名的一些还是海鸟。黄昏鸟是一种大型鸟类，有的能长到2米长，在水中用巨大的后肢游泳。黄昏鸟的外形很像如今的潜鸟或者鸬鹚，它们完全依赖水生环境，以至于丧失了飞行能力。它们的胸骨不发达，翅膀也很小。黄昏鸟的颚上仍然长有牙齿。

鳗站鸟
鸬鹚的亲戚，在水下靠翅膀捕食。

鱼鸟也生活在同一时期。鱼鸟体积小得多，是不错的飞行动物。鱼鸟和现代的燕鸥有相似的形状，可能也有相似的生活习性，不过它们并不是近亲。

6 500万年前的恐龙时代末期，出现了一些相似的鸟类，比如潜鸟、早期涉禽和鹭鸶等。到了5 000万年前，早期火烈鸟的近亲，如鹤、鸥、苍鹭等鸟类也留下了它们的骸骨。鸭子最早出现于4 000万年前，企鹅则出现在2 000万年前。到了500万年前，大部分水鸟都是我们现在能辨认出来的种类了，尽管古代的鸟类与今日还是有些许不同。

在水里跋涉

涉禽的脚都相当适应水生环境，它们的脚需要把身体的重量分散在松软的地上，这也是涉禽的一大特色。鸻生活在近岸的水边，所以相应地长着短短的脚趾；苍鹭和鹳离水更近一些，所以长有长长的脚趾。火烈鸟的趾间长有蹼。水雉能在睡莲叶子和其他浮游植物的表面走动以寻找食物，它们的脚趾是所有涉禽中最长的。腿的长度也取决于鸟的生活环境：有的鸟在水边觅食，它们只需要很短的腿就行了；还有一些长

湖边、海边和浅水中生活着无数鸟类。这些地方生活着丰富的无脊椎动物、小鱼和许多种植物能供应大量食物给成百上千种鸟类，包括鸥、鸬鹚、苍鹭、火烈鸟、鹳、朱鹭等涉禽。

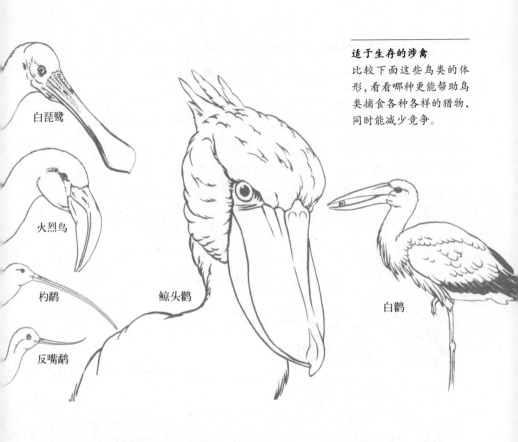

比较下面这些鸟类的体形，看看哪种更能帮助鸟类捕食各种各样的猎物，同时能减少竞争。

白琵鹭

火烈鸟

杓鹬

反嘴鹬

鲸头鹳

白鹳

知 识 窗

　　弯嘴鸻属于鸻形目鸟类，是一种生活在新西兰的涉禽，它们的嘴偏离中心位置，向右弯曲大约12°。这种变化也许是为了适应某种捕猎方式，不过我们并不知道究竟是什么样的捕猎方式。

腿的鸟，它们需要站在深一些的水里，就必须有长长的腿。如果有必要的话，苍鹭、鹳、火烈鸟都会走到更深的水域。

涉禽还会根据腿长"瓜分"觅食区域。它们长度不同的喙，能够伸入不同深度的泥沙中去。另一种分离觅食区域的标准就是它们形状各异的喙，只吃某些特定的食物。例如，非洲钳嘴鹳就是捕食蛇的专家，它能用嘴的尖端剔出蛇的肉。火烈鸟的喙里长有角质的过滤器，喝水时若吃进泥土，会通过过滤器把泥吐出来，它们喜欢吃的藻类和小型甲壳动物的肉就留在嘴里。白琵鹭掠过水面的时候，会用它们扁平的喙捕

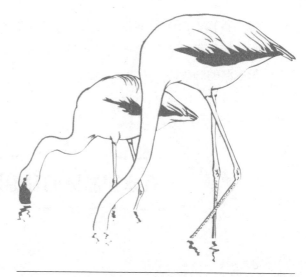

喝水
火烈鸟把嘴倒置入水里，舌头通过某种过滤结构把水吸上来。

在荷叶上小跑
水雉长长的脚趾能够分散身体的重量，这样它就能在漂浮的植物上走来走去。

捉小猎物。白琵鹭的近亲朱鹮，会探查泥土和植物，寻找小动物来吃。鲸头鹳张着巨大而扁平的喙，能够捕捉青蛙和鱼，包括会在泥里挖洞的肺鱼。

在水里游泳的和掠过水面的

有许多鸟既不是涉禽，也不在水里生活，可水环境仍是它们的食物来源地。

翠鸟

鹗飞过水面时，只要把锋利的爪子伸进水里，就能抓住大鱼，它们是抓鱼的专家。有一些猫头鹰夜里也用这种方式捕食，它们也会用爪子抓鱼。

还有一些捕食者则用嘴在水里抓鱼。翠鸟一般栖息在树枝上，不然就在河面上盘旋，然后突然冲向水面，用嘴抓鱼。信天翁能连续几个月在海面上飞行，有时会把爪子伸入水中抓鱼或乌贼。偶尔，信天翁也会跳进水里抓鱼。塘鹅是跳入水里抓鱼的专家，它们飞在高处时就能发现水里的目标，然后俯冲下来，将要碰到水面的时候马上收起翅膀。剪嘴鸥在静水上方捕猎，它的嘴长得与众不同，下颚比上颚长很多。它们飞过的时候，尖锐的下颚会掠过水面。如果下颚碰到了小鱼，它们就把嘴伸进水里，猛地把猎物抓住。上述这些鸟类都是不错的水上猎手,可是它们都不在水里游泳。

鸭科的鸟类都长着防水的羽毛,趾间有蹼,能够当桨使用,使它们浮在水面上。尽管漂浮在水面之上,绿头鸭还是有各种各样的方法能够把植物或小动物从水里拽上来当食物。有些天鹅也不示弱,它们十分擅长将脖子伸到水里吃植物。琵嘴鸭长着又宽又扁的嘴,不时地把嘴伸进水里捕捉小动物和小植物。凤头潜鸭能潜入水下很短的一段时间来寻找食物。鹈鹕是出色的游泳者,和它的近亲们一样,鹈鹕的脚蹼长有四个脚趾。大部分的鹈鹕在水面上游动,用喉囊作渔网打捞猎物;还有一些会集体协作,把鱼赶进一个小的包围圈,就更容易抓到猎物。褐鹈鹕也能潜入水里捕食。

蛇鹈会在水里沉得很低,只把背和像爬虫一样的头露出水面。蛇鹈会缓慢逼近猎物,拨开水面,然后突然用嘴去刺鱼。接着,蛇鹈就会甩动喙,把鱼头先吞下去。

鱼鹰

剪嘴鸥

　　鹈鹕的嘴比胃能装的东西还多。它长有巨大的喉囊,不过,它很少把食物在喉囊里储存很长时间,很快就会咽下去。鹈鹕捕鱼的时候,喉囊里装的水比它自己都重。在吞咽食物或者准备起飞的时候,它们会把水吐出来。

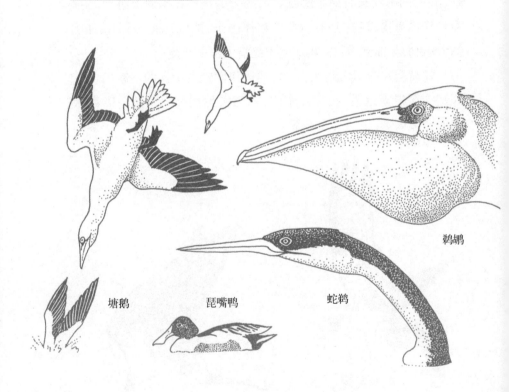

鹈鹕

塘鹅　　　　琵嘴鸭　　　蛇鹈

水下鸟类

企鹅不能飞,游泳的时候姿势也十分古怪,但它们十分适应水生生活。企鹅身体矮胖,皮毛浓密、油滑而防水。皮肤下长着一层保温的油脂。循环系统中有若干热交换的结构,这些结构也能帮助企鹅保持体温。例如,

在所有鸟类中,企鹅是最适应于在水下游泳和潜水的,它们一共有十六种。企鹅长有鱼雷形状的身体。在水下时,翅膀划动,就像别的鸟在空中飞一样。不过,企鹅的翅膀又短又僵硬,游泳的时候其实很笨拙。

帝企鹅

帽带企鹅

凤冠企鹅

独特的构造
企鹅能够笔直站立,因为它的脚长在身体很靠后的部分。企鹅的脚长有蹼,在水里能够很好地控制方向。

企鹅和一些海雀背上都长着黑色的羽毛，腹部为白色，这样的配色在水里不容易被发现。科学家通常根据头和脖子的颜色区分不同种类的企鹅。企鹅在水里的时候，头和脖子若是露在水面外的，就很容易被看到。

巴布亚企鹅正在游泳

被捕杀以致灭绝
大海雀在水里游得很好，却不怎么能够飞行。当人类搜捕它筑巢的地方时，它的厄运就降临了。

它们呼出空气时4/5的热量能够保留在身体里，只有1/5散失在空气里。

这些保温措施都是必需的，因为企鹅是冷血动物，有一些生活在南极附近，一些生活在非洲、南美洲的海岸和科隆群岛附近，还有一些生活在寒流经过的地方，因为寒流能给它们带来丰富的浮游生物和鱼类。

和大部别的鸟类相比，企鹅的骨头是实心的。身体的密度和水的密度几乎一样，这样它们潜水就更容易。大部分企鹅只能潜水一两分钟，不过最大的企鹅——帝企鹅，能够潜水达18分钟，最深至260米。

除了企鹅以外，鸟类中能潜水的还有潜鸟和鸬鹚。这两种鸟的脚都长在身

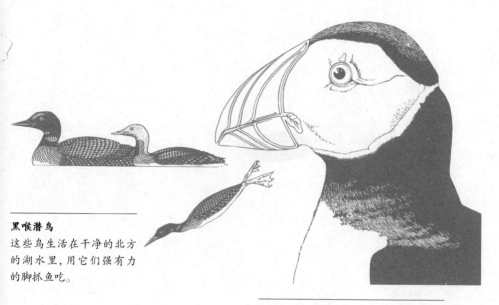

黑喉潜鸟
这些鸟生活在干净的北方的湖水里,用它们强有力的脚抓鱼吃。

亚特兰大角嘴海雀
这种鸟抓小鱼为食,比如星鳗,还能把一些鱼放在嘴里带到别的地方去。

体正后方,能够推动身体前进。它们在陆地上几乎不能走动,不筑巢的时候就会待在水里,但它们的翅膀和正常鸟类一样,能够用于飞行,捕食鱼类和其他的小型水生动物。

在北半球,和企鹅最相似的动物是海雀,比如角嘴海雀、尖嘴海雀和其他海雀科的鸟类。海雀是鸥类的近亲,身体呈矮矮胖胖的流线型,在水里用翅膀提供推动力游泳。虽然它们的翅膀很短,不过在空中很有用。海雀是优秀的飞行家,扇动翅膀的速度很快,这样才能停留在空中。大海雀却是一个例外,它们很少飞行,重大约8千克。1844年,狩猎者杀死了最后一只大海雀。

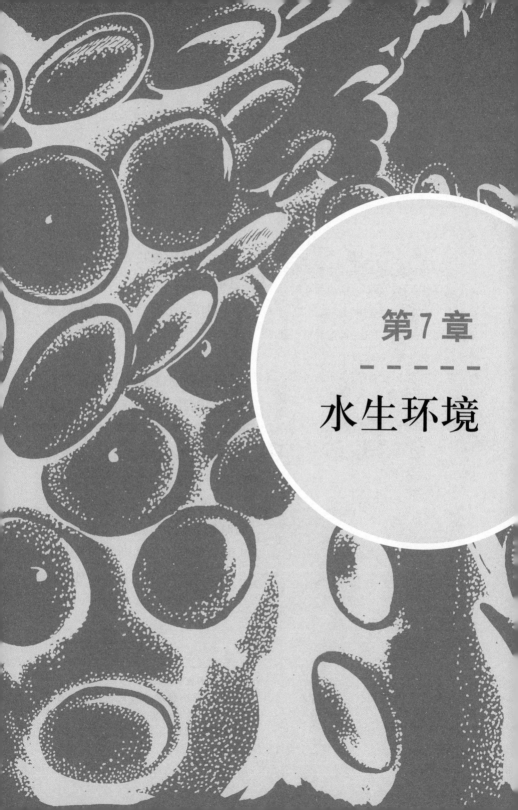

第 7 章

- - - - - -

水生环境

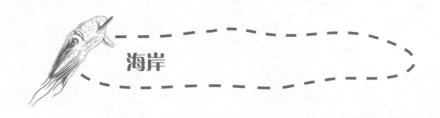

海岸

对生物来说，海岸其实是颇具有挑战性的生活环境，因为海岸的环境一直在变化。一天中，在涨潮和退潮之间，动物会被海水淹没。不过，退潮后它们就会暴露在空气中，被太阳晒干。也有一些生物被困在小水塘里，小水塘里的水蒸发、盐的浓度增加，直到下次潮水再来。海岸生物还需要和海浪搏斗。

生活在岩石众多的海滩上的许多动物都长着用来保护自己的壳，如玉黍螺、海螺等。退潮的时候，它们常常躲在小水塘或者岩石缝隙里。帽贝会用肌肉紧紧贴着岩石。下次涨潮的时候，这些动物就会离开藏身处，在岩石表面移动，找海藻吃。藤壶也是这样，没有水的时候，它们就把壳闭起来；涨潮的时候，就把壳打开，寻找食物。它们用吐出来的线把自己固定在岩石上，只有海水来的时候，才打开壳。海葵、海绵、海鞘和其他软体动物都能在满是岩石的海滩上的隐蔽处存活下来。

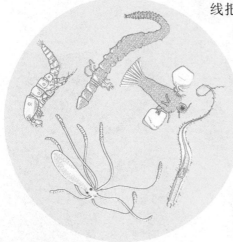

小型水底生物
在海岸泥和沙砾的缝隙里生活着微小的、细长的小生物，一般全长只有0.1—2毫米。

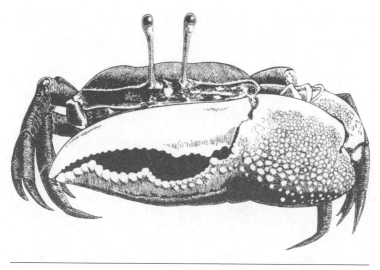

招潮蟹

这种生物生活在高潮线和低潮线之间的洞穴里。退潮的时候，它们会爬出洞穴寻找食物。雄性长有巨大的螯足，主要用于向异性求爱。

虽然满是岩石的海滩上生存环境很恶劣，可是它还是能够提供各种各样的藏身处和食物，因此生活着数目惊人的生物。通常来说，岩石海滩都有一系列不同的生态条件，使得相适应的动物和海草在其间生活。

沙质和多泥的海滩也会给生物带来各种各样的挑战。海水每天都会冲刷海滩，所以海藻和在地表生活的动物十分稀少。在地下，生活着蠕虫、螃蟹和甲壳动物，沙子里住满了长蛤和蛏子。它们一般都待在沙子里，只把呼吸管或者捕食用的触手伸到地表。喜欢这种生活环境的动物并不多，不过在这样的环境下仍能幸存下来的动物，数量却十分庞大。

生活在海岸上的许多动物多为卵生，其幼体回到海里，变成浮游动物。会有数不清的幼体死亡，只有少数残存下来，长大成熟。有一些动物,比如康吉鳗和青蟹,未成熟时生活在较低的有潮水涨落的地区,成年后会搬到离大海稍远一些的地方去。

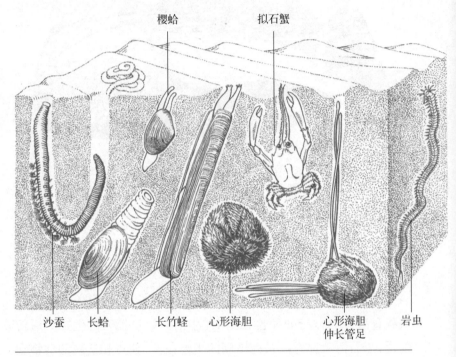

樱蛤　　　　拟石蟹

沙蚕　长蛤　　　长竹蛏　心形海胆　　　　　心形海胆　　岩虫
　　　　　　　　　　　　　　　　　　　　　　伸长管足

海岸居民

在沙土质海岸上,退潮时,动物们都生活在潮湿的洞穴里。许多海岸动物是滤食性动物,涨潮的时候,会到沙地的表面呼吸并寻找食物。

世界上最大的潮汐带在加拿大新斯科舍省的芬迪湾,高潮线和低潮线之间能达到15米的落差。世界上其他地方可能最多只有1米落差。

珊瑚礁

珊瑚礁由数百万珊瑚虫的骨骼构成。这些小动物每天都会留下一些碳酸钙的物质，在它们自己身体下或者周围建起珊瑚礁的骨架。珊瑚礁的形状多种多样，有的呈圆顶状，还有一些则是扇形的树枝状。有的珊瑚虫死去了，其他的仍在顶上继续生长。最后的结果就是，外部的珊瑚虫们用皮肤表层薄薄的组织，

有一些珊瑚虫只生活在寒冷的海水里，可是仍有某些特定的种类生长于水温在18℃—30℃的热带海洋里。在23℃—25℃的干净海水里，珊瑚礁生长得最好，所以河口一般都不会有珊瑚礁。

● 珊瑚礁

珊瑚礁的形成
浅海都会有珊瑚礁出现。大堡礁位于澳大利亚北部沿海，由数百万只珊瑚虫建造而成。

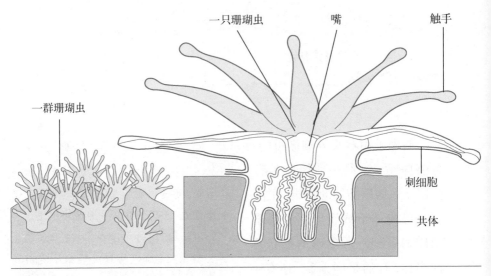

一群珊瑚虫　　　　一只珊瑚虫　　嘴　　触手

刺细胞

共体

珊瑚虫
每只珊瑚虫只有1—3毫米宽,一群珊瑚虫数量可能在数百甚至数千。

由内建造出碳酸钙骨架的珊瑚礁。珊瑚虫和小的单细胞藻类共生。藻类利用阳光和二氧化碳制造养分,其中的一些二氧化碳正是和它们共生的珊瑚虫呼出的。珊瑚虫会利用藻类制造的单糖和氧气。因此,珊瑚虫存活需要光线,它们无法在水深超过50米的地方生存,故而珊瑚虫一般都分布在近海。

一系列珊瑚礁
大脑状的珊瑚礁,桌子状的珊瑚礁,树枝状的珊瑚礁,还有许多各种各样的珊瑚礁。

大约是在满月之后的某一天,海洋里所有种类的珊瑚虫都在这一天排出卵子和精子。这样能保证它们不需要寻找异性交配,就有最大限度的繁殖机会。受精卵开始发育的不久之后,幼虫就会开始在珊瑚礁上争夺生存空间。

达尔文早在1840年就曾说过,可以通过珊瑚虫的生活习性来分辨珊瑚礁。岸礁长在离陆地很近的海域,珊瑚虫用它们的触手捕捉小型甲壳动物,在靠海的那一边有着丰富的甲壳动物。在靠海的一边,岸礁往往生长得很快,不过也可能会死去。岸礁渐渐地移到离陆地有一段距离的地方,变成堡礁。在太平洋中的许多火山岛附近都能发现这一过程。有的时候,火山岛会渐渐沉没到水面之下,可是周围的珊瑚礁会继续在表面生长,这样就会形成环礁。环礁是一圈珊瑚礁,不过中间并没有小岛,内部建造的珊瑚虫遗骸和里面的沙子沉积可能会形成潟湖。

珊瑚礁最初由珊瑚虫建造,后来变成地球上最复杂的生活环境之一。许许多多动物生活在珊瑚礁内不同形状的空间里,用不同的方式捕食、生活。珊瑚礁里的生物多样性能够和陆地上最多样的环境——热带雨林相媲美。

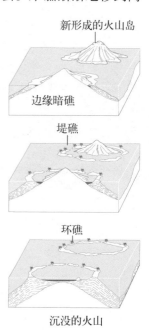

新形成的火山岛

边缘暗礁

堤礁

环礁

沉没的火山

和珊瑚礁一起生存

在一座珊瑚礁里，生活着多达3 000种不同种类的珊瑚虫、鱼类和甲壳动物。

鱼和海洋哺乳动物，都靠珊瑚礁觅食。比如，蝴蝶鱼就会用长长的嘴和刷子一样的牙齿，把珊瑚礁里的小生物挑出来。鹦嘴鱼长着鸟喙一样的嘴，嗓子里还

鹦嘴鱼
这种鱼长着与众不同的鸟喙一样的嘴，所以才会有一个这么特别的名字。

互相帮助
许多生活在珊瑚礁里的小虾作为鱼类的清洁工，帮它们清理寄生虫和伤口。

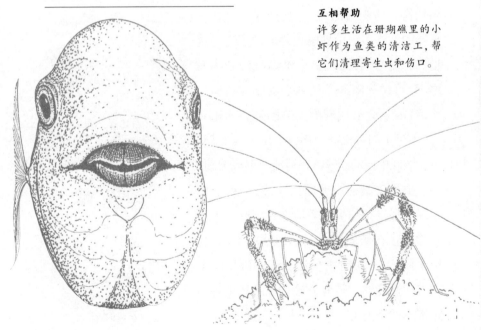

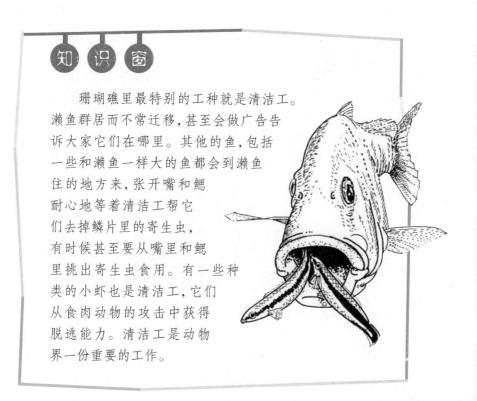

知识窗

　　珊瑚礁里最特别的工种就是清洁工。濑鱼群居而不常迁移，甚至会做广告告诉大家它们在哪里。其他的鱼，包括一些和濑鱼一样大的鱼都会到濑鱼住的地方来，张开嘴和鳃耐心地等着清洁工帮它们去掉鳞片里的寄生虫，有时候甚至要从嘴里和鳃里挑出寄生虫食用。有一些种类的小虾也是清洁工，它们从食肉动物的攻击中获得脱逃能力。清洁工是动物界一份重要的工作。

欧洲鳗鲡
它们白天躲在岩石的缝隙里，夜里出来捕食。

棘冠海星会把它的肚子内部翻到外面来,覆盖在珊瑚礁的顶部将珊瑚虫消化掉。虽然这些食量巨大的海星很少给珊瑚礁造成长期而全面的破坏,可在20世纪还是有至少两次,棘冠海星把大片的珊瑚礁变成了"白骨"。

长着磨碎食物的牙齿。有一些鱼完全以植物为生,还有一些鱼切下小块的珊瑚礁等,然后把它们磨碎以汲取营养。

许多濑鱼用门牙从珊瑚礁和岩石里找到小型生物,然后用牙齿把螃蟹和甲壳动物磨碎。其他的鱼,比如绯鲵鲣,会用触须在海底挖掘,把找到的小鱼吸上来。从小型虾虎鱼到大型的鲶科鱼都是捕食者,食物有螃蟹、皮皮虾、海星,还有一些软体动物。夜幕降临时,一大批捕食者从隐蔽处出来在珊瑚礁里漫游,包括欧洲鳗鲡和一些海蛇,这两种动物都有高超的狩猎本领,能够找到夜里躲在岩石缝隙里的猎物。

珊瑚礁里的植食性动物中也有各种各样的鱼,比如刺尾鱼和雀鲷。在大西洋的珊瑚礁里,还生活着海胆。还有一些鱼等着捕食进入珊瑚礁里的浮游生物。而棘冠海星,会把像羽毛一样柔软的胳膊伸展开捕捉猎物,珊瑚虫也是其受害者。

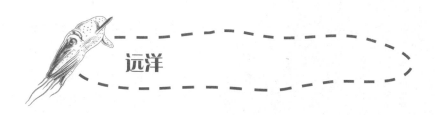

远洋

水流涌动的地方，都会从下层水体带来许多营养物质，这些地方的浮游生物就会比别的海域丰富。温带的海洋浮游生物最多，特别是在春季和初夏，大部分热带海洋的浮游生物都比温带海洋少很多。1立方米水里可以有4亿个小植物。事实上，海洋里所有的植物都是浮游生物，而其他所有生物都直接或者间接地依赖它们生存。相对来说，生长在海岸上的水草就不那么重要。

浮游动物靠吃浮游植物为生。有一些小型甲壳动物，比如小型桡足动物仅靠浮游植物为食。还有一些浮游生物是螃蟹、鱼、蠕虫、海星、水母等动物的幼虫，它们成年后就会生活在别的地方。有一些幼虫直接吃浮游植物，还有一些吃更小的浮游动物。浮游生

浮游生物是水生环境的基础，它们生活在海洋表层。阳光穿透海水，藻类就会进行光合作用。只有在180米深的表层海水，对于植物来说才算光线充足，就算在最清澈的海水里也是这样。不过，并不是所有的海水都一样。

浮游动物
这些小的浮游动物包括桡足动物、藤壶和蠕虫幼虫。

浮游植物

硅藻是单细胞"植物",长着硅石外壳。

物也给鱼类提供食物,比如鲱鱼、凤尾鱼、鲭鱼等。有一些靠浮游生物为生的动物,白天生活在深水里,夜里浮到表层来捕食,以此避开比它们大的食肉动物。姥鲨和一些鲸也靠浮游生物为食。

海洋中部生活着大群的鱼类,比如金枪鱼和梭鱼。它们的身体呈流线型,像鲨鱼一样,是灵活的食肉动物。有些鱿鱼游得很快,也生活在海洋中部,是凶猛的肉食动物。

有一些海洋动物长着可以对抗这些食肉动物的刺。有些鱼生活在一起,成群移动。它们突然一起转弯,捕食者就很难挑出个体来捕捉。

随着季节的变化,海洋某一区域的生命活跃度也在改变。鲱鱼

● 浮游生物的集中分布区

浮游生物

海洋表面能够发现不同种族的生物。

金枪鱼每小时能游50千米，能够以速度优势捕捉大量食物。它们也会将体温保持在比周围温度高一点。它们的血管里有一种热交换系统能够保持肌肉活动制造的热量不散失。

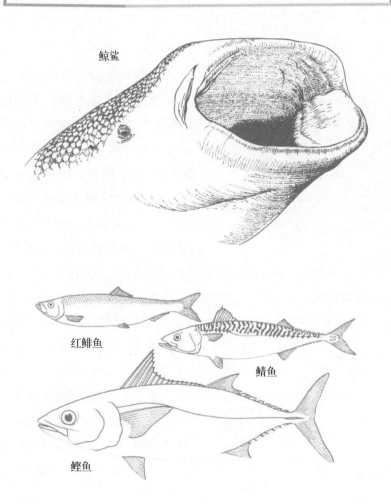

鲸鲨

红鲱鱼

鲭鱼

鲣鱼

137

鱼群会来回移动,追逐浮游生物最为丰富的海域。大一点的食肉动物,比如金枪鱼,会横穿大西洋或者广阔的太平洋来追逐猎物。

深海

海洋中有阳光照射的水域下面,是一大片昏暗的区域。微弱的阳光只能穿透大约1 000米深的海水。再往下就是漆黑一片,这里的水温只稍稍比冰点高一点,水压十分大。

深海的大部分食物都来自上层海水。深水生物必须利用这些上层来的水流,因为里面混杂着动物尸体、植物碎片甚至排泄物,否则它们就只能相互厮杀了。深海的生物密度很低,不过,在这一广阔的生存空间里,个体的数量和生物的种类都多得惊人。

对于我们来说,许多深海动物的形状和习性都十分古怪,不过,在这样恶劣的环境中生存,这些都是必需的。

在这样光线微弱的地方,许多鱼都长着大眼睛,以便更有效地利用光线。深海鱼的眼睛通常都长在头顶正上方,这样能够发现从上层下来的食物或者逆着微弱光线游来的小猎物。深海鱿鱼也长着大眼睛。有一种鱿鱼叫作大王酸浆鱿,

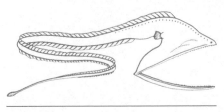

巨型吞噬鳗
这种深海动物长有巨大的嘴和可伸缩的胃,再大的猎物都能吞得下。

长着一只巨大的眼睛而另一只小一些。它一般悬浮在水中，用巨大的眼睛注视着上方。

在漆黑的深海里，大部分时间中，生物的眼睛什么都看不到，因此有的鱼和其他动物都长着小眼睛。不过，这个区域的很多动物，都长有特殊的器官能够自身发光。这样的光线一般用于寻找同类，有的时候也能够吓退敌人。有一些鱼，比如鮟鱇鱼，头前面长着棒状触须，能够发光引诱猎物。

深海里的动物，很少能够偶遇食物，故而必须抓住任何遇到猎物的机会。许多深海鱼长着巨大的嘴、尖锐的牙齿，胃能够伸缩，以便容纳有时比

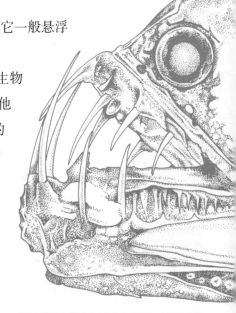

蝰鱼
这种鱼的牙齿能抓住它遇到的任何一只猎物。

世界真奇妙

鮟鱇鱼完全不用思考求偶问题。雄性鮟鱇鱼一生中什么都不做，一孵化出来，就开始游来游去寻找异性，找到后就贴附于它的身体，像寄生虫一样和雌性鮟鱇鱼融为一体。和雌性鮟鱇鱼相比，雄性体积很小。雄性从雌性那里得到营养物质，在产卵期到来的时候，提供精子给雌性鮟鱇鱼。

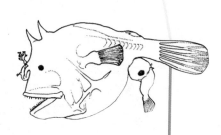

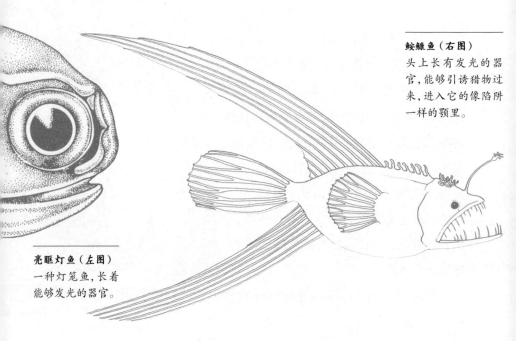

它自己身体都大的猎物。许多深海鱼虽然外表奇特又凶恶，可其实只有30厘米长，有的甚至更短。它们的身体也很脆弱，常常待在水环绕的环境里，很少接触固体，也没有粗糙的外表皮。这些鱼大部分时间都几乎静止不动，等着猎物上门。有的有发达的触觉器官，长在身体侧面或者触须上，帮助它们发现猎物。

海底火山

即使是海里最深的地方也有生命存在。有的鱼类靠腐肉为食，比如长尾鳕。由于海底十分荒凉，许多海底鱼类比上层海水中的鱼类精力更充沛。不过，也有一些鱼类很娇弱，比如三刺鲀，它们靠三只长长的鳍站立，等着食物经过。

最奇异的海底生物不在平坦的大洋底部，而生活在海底的山上。这些海底山彼此相连，构成了海底山脉。海底扩张开裂，裂口处

洋底大都是平坦的，很少有生物生存。不过，即使是这样的环境，还是有存活下来的动物。泥土里包括单细胞动物、小型蠕虫和小型双壳类软体动物。泥土的表面还生活着海黄瓜、海蛇尾和海胆。海绵体动物也生活在海底。所有这些生物都靠从上层海水漂下来的小生物为食。

的海水会渗进地球内部。这些水被加热到高温，冒起气泡，其中充满了火山物质。含有硫黄的水从小型海底火山喷气孔流出来。化学物质在周围结晶，形成塔状物。虽然水温高达400℃，可是这里的压力太大以至于这么高温度的水都无法汽化。即使在这样的环境下，生物也并非完全没有生存的可能。

不一样的世界
海底火山喷发的能量催生了各种各样的生物，和海洋表层的生物形态完全不同。

含硫的热液从火山喷气孔喷出

火山喷气孔周围矿物质沉积，像烟囱一样

巨型管虫

蛤

热液从地下涌出

海底热泉区的小型生物

在炽热的火山喷气孔附近能够发现许多动物，包括专门适应这种环境的虾和螃蟹。

在海底热泉间，科学家发现了丰富的生物群系。火山喷气孔涌出的含有硫化氢的液体，对大多数生物来说都是有毒的，可是在那里生活的一些生物，却把它作为能量来源。巨型管虫能够长到2米长，生活在太平洋海底的火山喷气孔附近。巨型管虫没有嘴也没有内脏，身体大部分由细菌组成，这种细菌能够利用硫化氢制造生存必需的氧气。蛤类和蚌类生活在附近，它们的身体里也含有这种细菌，不过蚌类仍长着正常的能够吃东西的嘴。在大西洋里，火山喷气孔能给细菌提供丰富的含硫物质，小虾靠这些细菌为食，它们是海洋食物链的第一环。

自1979年发现了这些海底火山喷气孔的热液以来，已经在它们周围发现了数百种新生物。海底热泉区是世界上最丰富的生态系统之一。有的科学家认为，它们能向我们揭示地球上最初的生命是如何维持生存的。

在科隆群岛附近洋底火山喷气孔喷出的热液中，生活着一种白色的巨型管虫，它们能够在任何动物都不能承受的高温下生存。它们通常生活在65℃以下的环境里，在80℃以下也能生活较短一段时间。

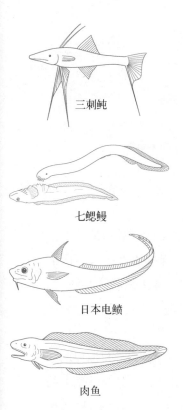

三刺鲀

七鳃鳗

日本电鲼

肉鱼

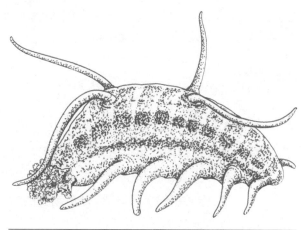

海参
海参和海胆是亲戚。它在海床上移动，觅食小微粒。

极地海洋

南北极都有大片永不融化的冰川。短暂的夏天到来时，冰川外围的区域会部分融化，到冬天会再次冻结。即使在夏天，那

南极大陆是一片广阔的土地，周围环绕着冰冷的海洋。北极则是一大片海洋，不过，有一些南方的大陆延伸进了北极圈。

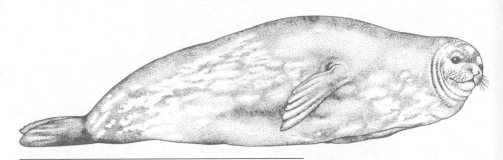

韦德尔氏海豹
来自地球最南边的哺乳动物，能长到3米长，重达450千克。

里的水温也很少在冰点以上。不过，这里仍然生活着数量惊人的生物。浮游植物如硅藻生活在冰川之中，它们甚至能够在冬天存活下来。有一些微生物和甲壳动物也生活在极地。春天来临的时候，光线充足，浮游植物十分旺盛，浮游动物的数量随之大幅度增加，大群的其他动物也就会迁来觅食。

韦德尔海豹生活在大西洋冰川下面，靠圆滚滚的身体里厚厚的脂肪保暖。它需要呼吸空气，所以不能一直待在水下。它透过冰面上的冰孔呼吸，会不时地用牙齿啃咬冰孔的边缘防止它冻结。不过，这也带来了一定的牙科问题，让它们不能活得很久。

冰鱼
只有很少一些鱼类能够
生活在大西洋冰冷的海
水里。

一些成年磷虾在夏天囤积脂肪，冬天则生活在冰下，身体的新陈代谢比夏天慢很多。甲壳动物身体长大的时候会蜕壳，长出新的外壳。到冬天，磷虾却是相反的进程。它们蜕皮后会变得比原来小很多，夏季食物充足的时候，才会再次长大。

极地海洋里的许多动物身体里都含有类似防冻剂的物质。冬天，生活在大西洋海岸的帽贝会移动到更深的水里，以便远离冰川，神秘的防冻液会涂满身体表面。北极一些鱼类的身体里也发现有防冻液，大西洋鱼类体内普遍都含有这种物质。这种物质能够防止冰晶的形成。大西洋冰鱼的血液里没有血色素，是一种苍白的生物。在寒冷富氧的水里，它们没有红色血液，也能设法生存下来，不过它们行动迟缓，新陈代谢也十分缓慢。

冰层下的海床也是许多动物的家。在寒冷的海水里，这些动物生长得很慢，不过有一些能长得十分庞大，比如1米长的带状蠕虫。在表层冻结的海水里，还生活着海星、海胆、螃蟹、小一些的甲壳动物、许多双壳纲软体动物、海葵等动物。

在流水里生存

小溪和河里的水常常是流动的，然而缓慢流动的低地河流和山间溪水则完全不同。在水源附近，溪水流速很快，有时候，急流中会携带着石子和大石头。

在快速流动的河里，任何东西都很难找到立足点。植物仅仅只有岩石上黏滑的海藻。一些有力的游泳健将，比如鲑鱼，才能够在急流中稳定身形，并吃掉河水带来的虫子。在世界上许多地方，生活在山间溪水里的鱼类都长着扁平的身体，以适应环境，它们生活在水底或者石头下面，也有的长着吸盘来固定身体。有的动物的嘴会进化成吸盘，就像泥鳅；还有

交换居民

河流通向大海，生活在其中的动物也就适应了水的快速流动，比如翠鸟和鲑鱼，它们会给生活在缓流里的动物让路。

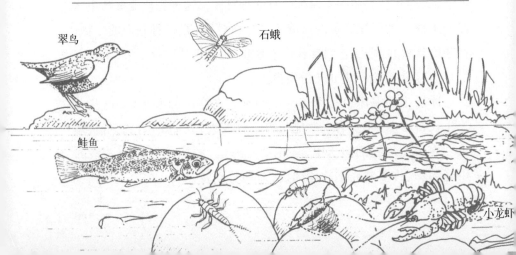

翠鸟　石蛾　鲑鱼　小龙虾

一些动物,比如婆罗洲吸鳅,鳍变得又大又平,成为有黏性的圆片。东南亚急流里的蝌蚪,嘴下面也长着吸盘。

有些昆虫也能在急流里稳定身形。石蝇幼虫长着长长的腿、有力的爪子和扁平的身体。有一些石蛾幼虫能够吐丝把自己固定在一个地方,有的还能结网捕捉那些被水流冲下来的食物。墨蚊幼虫则会用背上的钩子固定自己。

有的鸟能在急流里寻找水草吃。翠鸟在水下行走的时候,头朝下,翅膀向上,逆着水流。水流能帮助它稳定自己。

水流在河道里流得越久,流速越慢,更多动物能适应这种水环境。各种蛇类和蚌类,加上蜉蝣、蜻蜓、甲虫都能在其中生活。这里的鱼不需要游得很吃力,还能在其中发现鲤科小鱼和其他流线型身体的鱼类。再流得远一些,流速就更慢了,河水在低

适者生存
生活在急流里的鸭子能够逆着高速流动的南美洲河流游动,在水下找东西吃。

棘鱼

拟鲤

蜗牛

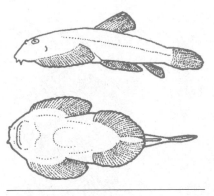

婆罗洲吸鳅

这种鱼身体下部完全变成了一个吸盘，能够在急流里紧紧吸在岩石上。

地蜿蜒流动。许多植物都能在缓流中生长，还有缓慢游动的鱼，比如拟鲤、鲤鱼等，它们都从河底找吃的。这些温暖而流动缓慢的溪水比山里的溪水含氧量少一些，然而植物释放的氧气弥补了这一点。这样的河水中的昆虫种类和池塘湖泊里的是类似的。

你 知 道 吗 ？

淡水小龙虾生活在流速缓慢的溪水里或者硬水质的河流里。它们需要水里大量的钙，壳才能生长。全世界大概有500种淡水小龙虾。

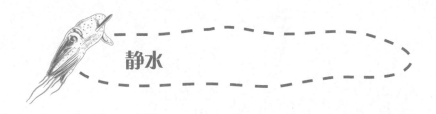

静水

池塘是一个艰难的生存环境，生活在这里的动物需要一些特殊的本领才能生存下来。比如，有一些小虾生活在干旱的地方，它们在雨后的小水塘里孵化。其一生只有几个星期，产的卵就算干了也能存活几个月甚至几年。

　　湖水的深处十分寒冷，生物大都生活在表层。不过，湖泊能够容纳各种各样的生物。有的湖很大，生物种类繁多；有的生物只生活在某一个湖泊里，其他任何地方都没有。在东非大裂谷中的一些湖泊里，生活着许多丽鱼，它们就是在这些湖泊里进化的。坦噶尼喀湖里生活着大约130种生物，包括一些特有的鱼类。俄罗斯的贝加尔湖有近900种生物，其中许多都是贝加尔湖特有的。甚至有一种海豹只生活在贝加尔湖区，它们是已知最小的海豹。它和北

　　池塘就是小而浅的水域。雨季池塘里会充满水，旱季时水慢慢蒸发而水位降低，有的时候甚至会全部蒸发。湖泊是较大、较深的水域。和池塘不一样，湖泊里大部分覆盖有植被，有一些湖泊很深，植物只能在边缘生长。

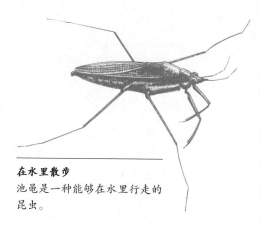

在水里散步
池鼋是一种能够在水里行走的昆虫。

淡水海豹
贝加尔海豹只有1.2米长，是唯一生活在淡水里的海豹。它常常头朝下在水面附近游泳，找鱼来吃。

尼亚萨湖丽鱼

极的环斑海豹是近亲。当海洋靠近湖泊的时候,这种海豹可能侵入了贝加尔湖。

　　池塘的静水能够提供其他水域没有的生活环境,那就是水的表面也能生存和捕猎。像池鱼这种昆虫能够毫不费力地走来走去,抓住那

150

些掉进水里的或者离水面太近的猎物。水分子之间的引力足够形成一个让一些动物在上面行走的平面，只要没有天敌攻击水面就行。池龟的脚上有防水的蜡。虽然昆虫的脚会让水面泛起涟漪，可是并不会穿透水面。其他的小虫子和甲虫也会玩这个把戏。

　　静止的淡水中常常会有许多浮游生物，它们构建了食物金字塔的底层。在这之上是小动物和掉进水里的食物微粒。在池塘和湖泊里，浮游生物不断地被吃掉，然后又会不断地生长。那些较大的食肉动物比浮游生物多得多。这和陆地不同，陆地上的食肉动物数量并不多，占据食物金字塔底部的生物占绝大多数。

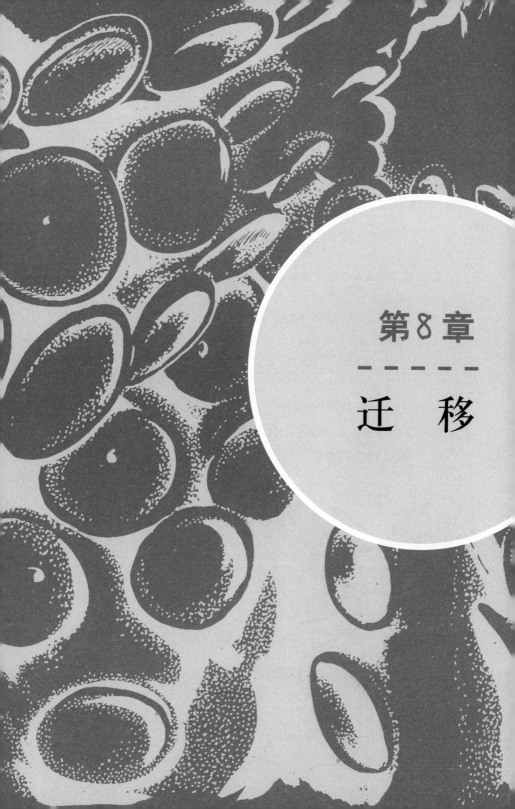

第8章

迁 移

它们为什么迁移

绝大多数动物都是独自生活的，在成年以后，它们分散在海洋各处。如此一来，寻找配偶和繁育后代就成了一个难题。

在交配的季节，许多生物为了找到配偶，会聚集在某个固定的地点。像信天翁这样的海鸟，一年中的大部分时间都各自活动，到了交配季节，才会聚集到一些海岛上去。在交配的时节，海狮会聚集在那些适合它们交配的海滩上。一年中剩余的时间，它们也都是独自生活的。海龟也是同样，它们很喜欢在陆地上生育繁殖。

绿海龟生活在热带海洋里，可它们只选择在特定的一些地方

命中注定
刚刚在阿森松岛孵化出生的绿海龟，会本能地动身回到海中。

生育。大西洋的绿海龟会到阿森松岛去产卵。它们在海面上交配，然后雌海龟就会游到海岸上，把产下的蛋埋到沙子里，然后返回水中。整个交配季，每只海龟都要这样重复交配产卵好几次，然后成年的海龟各自分散。大部分成年绿海龟会游到2 000千米以外的巴西海岸寻找食物。随着下一个交配季节的到来，它们又会逆着水流游回来。水流的速度和海龟游动的速度几乎一样，因此从来没有人能想出它们是如何完成这一壮举的。或许它们选择了一条远一点却容易游的路线。可是它们为什么要这样大规模地迁移呢？阿森松岛的确是一个交配的好地方，但有一些更近的岛屿也适合绿海龟交配。答案很可能是这样的：迁移实际上是一个古老的习惯，几百万年以前的海龟就开始了这种习惯。那时候，南美洲大陆和非洲大陆还没有漂离开那么远。那个时候，海龟横穿大西洋可能只

世 界 真 奇 妙

有的灰鲸每年要洄游2万千米。

灰鲸

灰鲸生活在极地海洋中，以生活在海底的甲壳动物为食。

155

需要游过很短的路程，但这样的旅程在几百万年间每年都会增加几厘米。

有的鲸每年都要在南（北）极和南（北）回归线之间做一次长距离的迁移，其原因显而易见。夏天的时候，它们到极地海洋中寻找尽可能多的食物；到了冬天，就游回温暖的海洋里繁育后代。因为在那里，幼鲸在出生后的几周内，能够很好地和外界隔离。从六月到十月，灰鲸生活在俄罗斯西伯利亚地区和美国阿拉斯加州之间的海水中；十月以后，那里的海水开始结冰，它们就开始沿着美国的西海岸游到加利福尼亚州和墨西哥旁边温暖的潟湖里，在那里过冬。幼鲸一般出生在一月，它们的父母则会继续交配。尽管这个时候，成年的鲸很难找到食物，但幼鲸在母亲充足的奶水的喂养下，能很快地成长起来。到了三月或四月，那些小鲸已经能自己去食物充足的地方找吃的了。

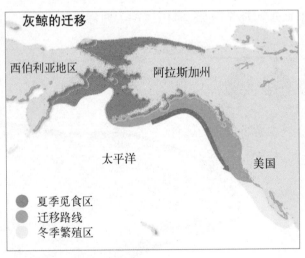

灰鲸的迁移

西伯利亚地区　阿拉斯加州

太平洋　　　美国

● 夏季觅食区
● 迁移路线
○ 冬季繁殖区

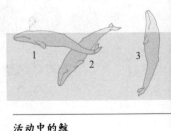

活动中的鲸
1. 呼吸
2. 潜水
3. 侦查跳跃

为了繁殖而迁移

幼年的大马哈鱼抵达入海口，需要1—5年的时间，还要取决于当时的环境。在进入海洋之前，它们先要在这里适应咸水。在海洋里，大马哈鱼会吃一些小鱼，所以生长得很快。

在海洋里生活四年以后，它们重可达14千克，有的甚至重32千克，然后它们游回淡水中繁殖。

大马哈鱼是一种海鱼，但是要迁移到淡水中去繁殖。它们把卵产在沙床上，春天的时候，孵化出小鱼苗。最初的几个星期，小鱼苗要靠卵黄获取营养物质，之后就可以吃一些无脊椎动物而长成幼鱼，幼鱼都有斑纹拟态。幼鱼开始捕食后，顺着水流开始游动。

大马哈鱼能够凭借气味和感觉，准确地回到自己出生的小溪里。它们拼命地寻找自己的路，有时跳跃起来会翻出巨大的浪花，最后到达产卵的河床。经过这样艰难的旅程，许多大马哈鱼精疲力竭，有些甚至会死去。活下来的则顺着水流又漂回海洋中，在海洋中寻找食物，直到第二年，它们又回去产卵繁殖。大马哈鱼为了繁殖而

北太平洋的大鳞大马哈鱼会游到河流的上游产卵，最远能游到加拿大育空地区，其产卵的地方距海洋3 600千米。

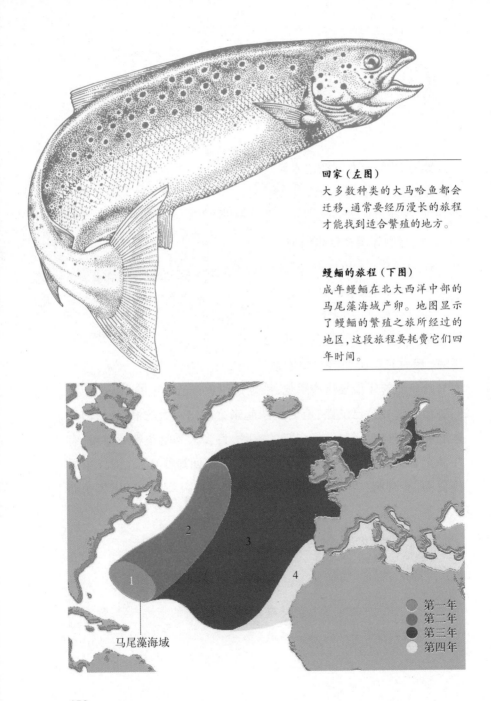

回家（左图）
大多数种类的大马哈鱼都会迁移，通常要经历漫长的旅程才能找到适合繁殖的地方。

鳗鲡的旅程（下图）
成年鳗鲡在北大西洋中部的马尾藻海域产卵。地图显示了鳗鲡的繁殖之旅所经过的地区，这段旅程要耗费它们四年时间。

马尾藻海域

第一年
第二年
第三年
第四年

游过的路程，可能有几百千米甚至上千千米。

　　欧洲鳗鲡也是一种为了繁殖而迁移的动物。尽管鳗鲡是一种淡水鱼，但它却在马尾藻海的咸水中出生。鱼苗在流向欧洲的墨西哥暖流中漂流，长成幼鱼。这个时候，它们是半透明的，像树叶一样扁平，看起来一点也不像鳗鲡。

　　到达海岸的时候，这些幼鱼身体变圆，长出成体鳗鲡的形状，也长出了腹鳍。刚开始的时候身体透明，像是"玻璃鳗"，长出色素后，就变成"幼鳗"了。这两种形态的鳗鲡都生活在河流里，成年

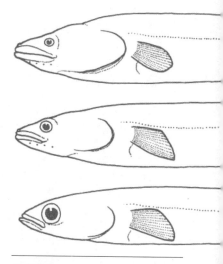

视力进化
淡水鳗鲡迁移到海里繁殖。到达繁殖地的时候，它们已经长成大眼睛的鱼了。

的鳗鲡会在淡水里生活十年甚至更久。它们捕食并成长，随后开始横跨大西洋的旅程去繁殖后代。它们的眼睛会变大，头的形状也会改变，身体会变成银灰色。一次繁殖之旅要花七个月时间，其间鳗鲡不吃任何东西。我们不知道鳗鲡是怎样认路的，不过，对于脊椎动物来说，这样的一生总是不平凡的。鳗鲡具有许多种不同的形态，它们每次旅程都将近 5 000 千米。